青少年 科普图书馆

U0837092

“科学就在你身边”系列

在无限的蓝色世界中探寻

——海洋生态揭秘

总 主 编 杨广军
副总主编 朱焯炜 章振华 张兴娟
胡 俊 黄晓春 徐永存
本册主编 张伟华
副 主 编 鲁利锋 张庆红 朱鼎甲

上海科学普及出版社

图书在版编目（CIP）数据

在无限的蓝色世界中探寻:海洋生态揭秘/张伟华主编.—上海:上海科学普及出版社，2011.1(2023.6重印)
(科学就在你身边系列 / 杨广军主编)
ISBN 978-7-5427-4692-4

Ⅰ.①在… Ⅱ.①张… Ⅲ.①海洋生态—普及读物
Ⅳ.①Q178.53-49

中国版本图书馆 CIP 数据核字(2010)第 217337 号

组　　稿　胡名正　徐丽萍
责任编辑　刘湘雯

"科学就在你身边"系列
在无限的蓝色世界中探寻
——海洋生态揭秘
总主编　杨广军
副总主编　朱焯炜　章振华　张兴娟
胡　俊　黄晓春　徐永存
本册主编　张伟华
副主编　鲁利锋　张庆红　朱鼎甲
上海科学普及出版社出版发行
(上海中山北路 832 号　邮政编码 200070)
http://www.pspsh.com

各地新华书店经销　　北京一鑫印务有限责任公司印刷
开本 787×1092　1/16　印张 13　字数 250 000
2011 年 1 月第 1 版　　2023年 6月第 4 次印刷

ISBN 978-7-5427-4692-4　　　定价:39.00元

卷首语

你知道吗——海洋占地球表面面积的71%，整个地球上的海洋是连成一体的、巨大的生态系统。你知道吗——海洋中的生物与陆地上的生物大不相同，有个体很小但数量极多的浮游植物，有单细胞的原生动物，也有哺乳动物中最大的蓝鲸。你知道吗——海洋在调节全球气候方面起着重要作用，并且蕴藏着丰富的资源。所以，海洋未来将成为人类获取能量、营养、原料的重要来源。

人类在向海洋索取丰富资源的同时，也带来了不少的破坏，反过来也受到了海洋的报复——台风、海啸、地震、赤潮……

让我们一起走进海洋，走进海洋生态，欣赏五颜六色的珊瑚，触摸可爱的鱼类，亲吻硕大的鲸鱼，也让我们好好地了解、好好地保护、好好地爱这人类未来的安身家园吧……

目 录

海洋生物之家——海洋生态系统

生命起源地——海洋

朗朗乾坤谁主沉浮——生产者

天下兄弟姐妹我最多——消费者

目　录

洗涮涮，洗涮涮——分解者

危机四伏与人类的救赎——影响海洋生态的因素

未来的呼唤——海洋科技

海洋生物之家

——海洋生态系统

风轻云淡的日子，
喜欢在你身边堆沙嬉戏；
风起云涌的时刻，
喜欢用心聆听你愤怒的吼声。
波光潋滟是你温柔的胸膛，
飞浪穿空是你无畏的身影。
你为太阳洗去每天的尘埃，
你给地球一个蔚蓝色的梦想……

◆珊瑚礁

初识君面目
——什么是海洋生态系统

生态系统是指在一定的空间里，由生物群落和周围环境相互作用而构成的自然系统。例如：森林生态系统、草原生态系统等。何为海洋生态系统？

初次接触，让我们撩开她神秘的面纱，来目睹其神采吧。

◆海洋生态系统

拨云见日——海洋生态系统

海洋生态系统是海洋中由生物群落及其环境相互作用所构成的自然系统。

全球海洋是一个大生态系统，其中包含了许多不同等级的次级生态系统。每个次级生态系统占据一定的空间，由相互作用的生物和非生物，通过能量流和物质流形成了具有一定结构和功能的统一体。

海洋生态系统的成员

海洋生态系统由海洋生物群落和海洋环境两大部分组成。

海洋生物群落包括：生产者、消费者和分解者。

◆珊瑚

海洋环境包括：①参加物质循环的无机物质，如碳、氢、硫、磷、二氧化碳、水等；②有机碎屑物质，包括生物死亡后分解成的有机碎屑和陆地输入的有机碎屑等；③水文物理状况，如温度、海流等。

勤劳的生产者

生产者主要指那些具有叶绿素的自养型植物，包括生活在真光层的浮游藻类、浅海区的底栖藻类和海洋种子植物。浮游植物具有小的体型和对悬浮的适应性，它们也有各自的真功夫来适应海洋环境，如：不下沉或减缓下沉，可停留在真光层内进行光合作用；快速的繁殖能力和很低的代谢消耗，以保证种群的数量和生存等。

◆海莴苣

海洋中还有自养型细菌，可以利用光能和化学能。如在加拉帕格斯群岛附近海域等处，发现在海底温泉中，有一种硫磺细菌，能从海底热泉喷出的硫化氢等物质中摄取能量，把无机物合成有机物，提供给周围的一些动物，这样此处就构成了非常独特的一种生态系统，能以化学能替代光能而存在。

◆不依靠阳光，却依然生机勃勃的生物群落

不劳而获的消费者

消费者主要是指异养型动物，以营养层次划分，可分为初级消费者、次级消费者、三级消费者等。

◆珊瑚

初级消费者，即植食性动物，如一些小型甲壳动物，多是过着浮游生活，与生产者同居在上层海水中，它们有着极高的取食效率，相当于陆地动物的5倍，这是与陆地生态系统很不相同的一个特点。

次级消费者，三级消费者等，即肉食性动物。其中较低级的消费者一般体型都很小，约为数毫米至数厘米，多过着浮游生活，分布已不再限于上层海水，有许多种类可以栖息在海洋较深处，并且具有昼夜垂直移动的习性，如一些较大型的甲壳动物、箭虫、水母和栉水母等；较高级的消费者，如鱼类，具有较强的游泳动力，称为游泳动物，它们的垂直分布范围更广，从海洋表层到最深海层都有分布。

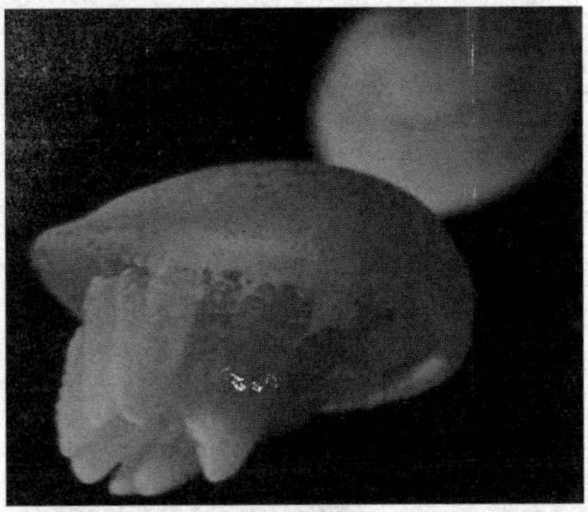

◆水母

慷慨的分解者

分解者包括异养型细菌和真菌，把动植物尸体内的各种复杂有机物，分解成无机物，供动植物再次利用。因此，分解者在海洋生物群落和无机环境之间的营养转换过程中起着非常重要的作用。

另外分解者还包括一些杂食性浮游动物，具有调节生产者和消费者数量变动的作用。

> 食物链指各种生物以食物联系起来的链锁关系。一般指的是捕食链，分解者不属于其中的成员。

分解者也是许多动物的直接食物，以细菌为基础的食物链称为腐食食物链。

海洋生态系统的功能

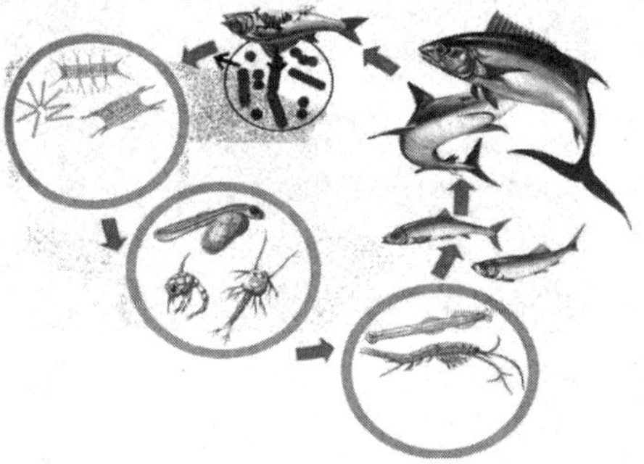

◆海洋中的食物链

◆赤潮会严重影响渔业生产

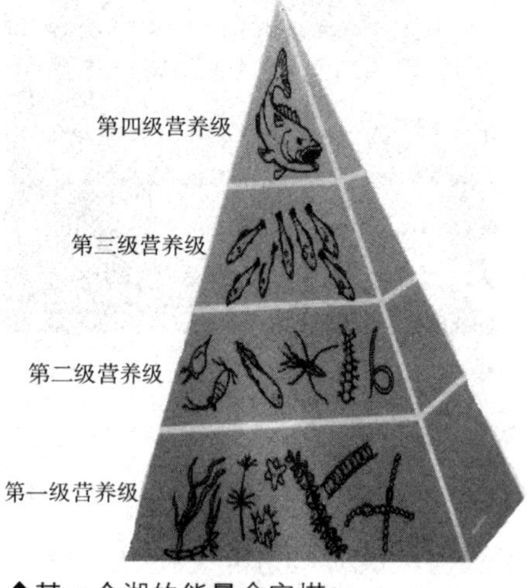

◆某一个湖的能量金字塔

生态系统是指在一定的空间内，所有的生物和非生物成分构成的一个互相作用的综合体，这是一个动态的系统。在这个动态系统中有物质循环和能量流动，犹如一架不需要人操纵的自动机器，自然而然地运转着。不管是小至一个潮塘，一块岩礁，一丛海草，还是大到一个海湾，甚至整个海洋，都是相似的，既有物质的循环，也有能量的流动。

举一个在海洋中最普通的例子：大鱼吃小鱼，小鱼吃虾，虾吞海瘙，瘙食海藻，海藻从海水中吸收阳光及无机盐等进行光合作用，制造有机物质，维持着这个弱肉强食的食物链。

在这个物质循环链中，缺少哪个环节都不行，犹如一部机器缺少了一个零件就不会运转，它们相互依存，相互制约，相克相生，真所谓“一荣俱荣，一损俱损”。现在日益严重的海洋污染已严重威胁到海洋生态系统的平衡，赤潮的频繁发生，“死海”的不断出现就是事实。

物质可以循环利用，但是能量只能从一个环节流向另一个环节，而且只能是单向的、不可逆的，没有回头路可走。在上一营养级向下一营养级传递中，会有大量的能量以热能形式散失掉，只有约10%～20%的能量从上一级传到下一级。

能量的递减可用“能量金字塔”来形容：塔基是广大的生产者，如海藻，从海水中吸收太阳辐射能，转化为这个生态系统的能量基础，所以说海洋浮游植物是整个海洋生态系统的基础，是主要成分。当然陆地生态系统也是如此，但最终驱动整个生物圈这个“活机器”运转的动力却都来自太阳能。塔基以上都是那些不劳而获的消费者，它们之间充满着弱肉强食的战争，位于塔尖的往往是数量极少，形单影只的最高统治者，例如一条大鱼：鲨鱼。

链接——什么是能量金字塔

为了形象地说明传递效率，科学家绘制的能量金字塔：是指将单位时间内各个营养级所得到的能量数值由低到高绘制成的图形，呈金字塔形。营养级别越低，占有的能量就越多；反之，营养级别越高，占有的能量就越少，故能量金字塔是绝不会倒置的。从能量金字塔可以看出：在生态系统中，营养级越多，在能量流动过程中消耗的能量就越多。

海洋生态系统的物质循环和能量流动是一个动态的过程，在无外界干扰的情况下，就会达到一个动态平衡。因此，过度的开采与捕捞海洋生物，就会导致某个环节上生物量的减少，这也必然导致下一个相连环节生物数量的减少。如此环环相扣的食物链上，假如一个环节遭破坏，就有可能会导致整个食物链乃至整个海洋生态系统平衡的破坏。这也是南海休渔的原因之一，而海洋污染是造成海洋生态系统平衡失调的一大根源：首先受到危害的就是海洋动植物，而最终受损的还是人类自身的利益。

海洋生态系统的类型

◆气泡珊瑚

海洋生物群落之间的相互依赖性和流动性很大，缺乏明显的分界线，所以其类型的划分要比陆地上的困难得多。但是，海洋环境还是有不同的分区，各分区也都有各自的特点。

由于海洋生态系的研究工作开展较晚，现在还没有一个完整的海洋生态系统的系统划分方案。目前仅有以下划分：沿海区有河口生态系统，沿岸、内湾生态系统，红树林生态系统，草场生态系统，藻场生态系统，珊瑚礁生态系统等；远海区有大洋生态系统，上升流生态系统，深海生态系统，海底热泉生态系统等。其中，上升流生态系统，沿岸、内湾生态系统，以及河口生态系统的研究做得多些。

拓展思考

1. 海洋生态系统有哪些主要组成成分？它们是如何构成生态系统的呢？

2. 海洋生态系统具有怎样的营养结构呢？

3. “大鱼吃小鱼，小鱼吃虾米，虾米吃泥巴”，你能用箭头来表示这些生物之间的关系吗？

4. 如果把各个营养级的生物数量关系，用绘制能量金字塔的方式表示出来，是不是也是金字塔形呢？如果是，有没有例外呢？

5. 了解导致海洋生态系统平衡失调的影响因素有哪些？

君有臣多少
——海洋生态系统的多样性

海洋生态系统是海洋中由生物群落及其环境相互作用所构成的自然系统，生态系（Ecosystem）一词，是由英国A·G·坦斯利于1935年提出。而在此之前，德国K·A·默比乌斯（1877年）和美国S·A·福布斯（1887年）曾分别用生物群落和小宇宙这两个词，记述了类似坦斯利所说的内容。

◆珊瑚礁生态系统

神秘面纱——海洋生态系统

◆美丽的珊瑚

海洋生态系统的特征如下：

1. 持续性。它体现在海洋生态过程的可持续与海洋资源的可持续利用两个方面。

海洋生态过程的可持续是建立在海洋生态系统的构造完整和功能齐全基础上的。只有维持生态构造的完整性，才能保证海洋生态系统动态过程的正常进行，使海洋生态系统保持平衡。海洋生态过程的可持续是海洋资源可持续利用的基础。但人类对海洋资源的强大需求与有限供给之间的矛盾、海洋资源的多用途引发的不同行业之间的竞争以及人类

◆珊瑚礁中鱼类

利用海洋资源的观念、方式和方法，都直接关系到海洋资源的可持续利用。

2. 协调性。海洋资源的利用应与海洋自然生态系统的健康发展保持协调与和谐，表现为经济发展与环境之间的协调；长远利益与短期利益的协调；陆地系统与海洋系统以及各种利益之间的协调。

只有协调处理好各种关系，才能维护海洋生态系统的健康，保证海洋资源的可持续利用。

3. 公平性。当代人之间的公平性要求任何一种海洋开发活动都不应带来或造成环境资源破坏。

世代的公平性要求当代人对海洋资源的开发利用，不应对后代人、对海洋资源和环境的利用造成不良影响。

多样的海洋生态系统

海洋生态系统按海底的深度和形态特点分为：

浅海生态系统

◆浅海生物

◆中国东海春晓油气田

水深6～200米左右的大陆架中，海水含有大量的溶解氧和各种营养盐类，具有丰富多样的鱼类，是渔业和养殖业的重要场所。世界上主要的经济渔场几乎都位于大陆架和大陆架附近。由于陆架区有着丰富的有机质，特别是那些繁殖极快、数量极大和很快死亡的微生物残骸，长期埋藏在陆架区沉积盆地的泥砂中，在缺氧的环境下，受到一定的温度、压力和细菌的分解作用，形成了巨大的海底油气田，目前世界上许多国家在大陆架上开采或正在计划开发利用这个天然的海底宝库。

深海生态系统

深海带水深 2000～6000 米，无光，温度在 0℃～4℃左右，海水化学组成比较稳定，底土是软相黏泥，压力很大。

◆蛇颈龙

由于深海没有进行光合作用的植物，动物的食物条件又比较苛刻，全靠上层的食物颗粒下沉；动物视觉器官大多退化，或者具发光的器官，也有的眼极大，对微弱的光有感觉能力；没有坚固骨骼和有力肌肉，但有薄而透明的皮肤以适应高压的特征。

大洋生态系统

大洋指从深海带到开阔大洋，到日光能透入的最深界线。大洋面积虽然很大，但是水环境相当一致，只有水温变化，尤其是暖流与寒流的分布。

由于大洋缺乏动物隐蔽场所，所以大洋动物一般有明显的保护色。

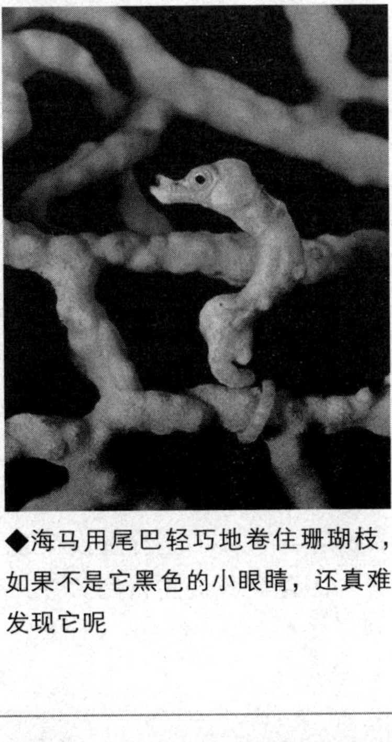

◆海马用尾巴轻巧地卷住珊瑚枝，如果不是它黑色的小眼睛，还真难发现它呢

火山口生态系统

科学家在考察深海生物时，在 Galapago 群岛附近深海的中央海嵴的火山口

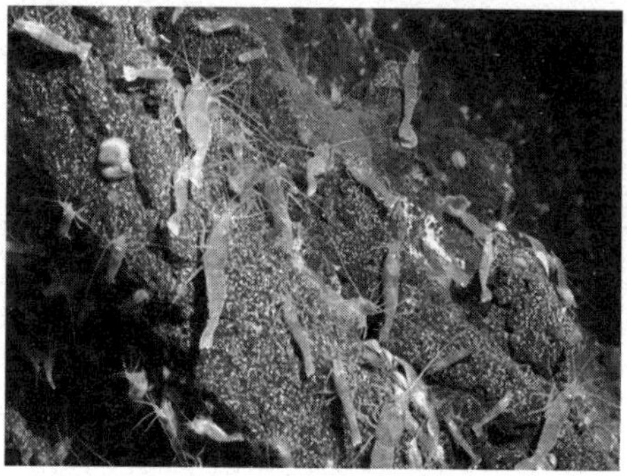

◆熔岩上的虾

周围，发现了一种极为特殊的生物群落，这就是火山口生态系统。

由于火山口水温比周围高出200℃，栖居着生物界前所未知的异乎寻常的生物，如3米长的蠕虫，食物来源是由共生的化能合成细菌提供的，这些细菌是通过氧化硫化物和还原二氧化碳制造有机物，生产三磷酸腺苷的。

河口生态系统

河口湾是大陆水系进入海洋的特殊生态系统。一般地说，河口区生物的种类组成较复杂，多样性指数较高。但是许多河口湾是人类海陆交通要地，受人类活动干扰甚深，也容易出现赤潮等。

海洋生态系统的生态效益

海洋生态系统在维持生物圈的稳态方面发挥着巨大作用，辽阔的海平面能够吸收大量的二氧化碳，海洋植物通过光合作用每年能够产生360亿吨氧气，占全球每年产生氧气总量的70%。可见海洋在维持生物圈的碳一氧平衡方面起着重要作用。

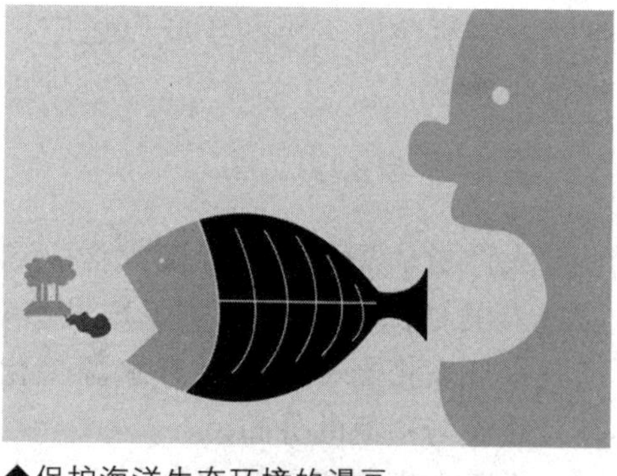

◆保护海洋生态环境的漫画

海洋的热容量比大气大得多，能够吸收大量的热量，生物圈中的生物能够生活在一个温度适宜的环境中，与海洋调节气温的作用有很大关系。海洋中还蕴藏着极为丰富的生物资源，与人类的生存和发展也有着非常密切的关系。

因此，我们要密切关注、保护海洋，让其远离生态灾难。

臣有子民众
——中国海洋生态系统多样性

中国，我们骄傲的母亲，以她甘甜的乳汁哺育着华夏儿女。我们的江河湖泊分布广阔，海洋生态系统也是多种多样。

你了解多少呢？请跟随我们去游览一下吧。

◆黄河岸边

邻近中国大陆的海洋有渤海、黄海、东海和南海，总面积为473万平方千米。黄海和渤海处在北温带海的边缘，东海和南海属亚热带性质，各自呈现了海洋生态系统的特点。在中国近海，黑潮流域、河口水域和上升流区也呈现了生态系统的多样性。

陆海比邻的渤海

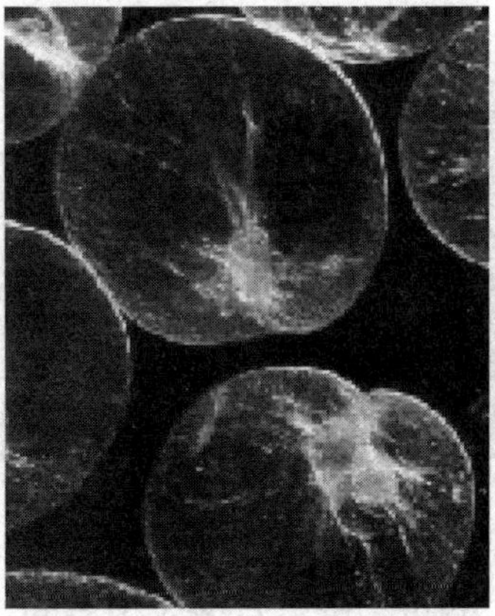
◆夜光藻

渤海是深入中国大陆的一个内海，面积约8万平方千米，最大深度70米，平均深度18米。

渤海生物多是广温低盐种类，浮游植物已记录有120多种，以硅藻为主，优势种有圆筛藻、角毛藻、根管藻和中肋骨条藻等；浮游动物有100多种，如夜光藻、中华哲水蚤、小拟哲水蚤、真刺唇角水蚤、强壮箭虫等为优势种。

底栖植物已记录有100多种，潮间带以绿藻为主，潮下带以褐藻和红藻为主；底栖

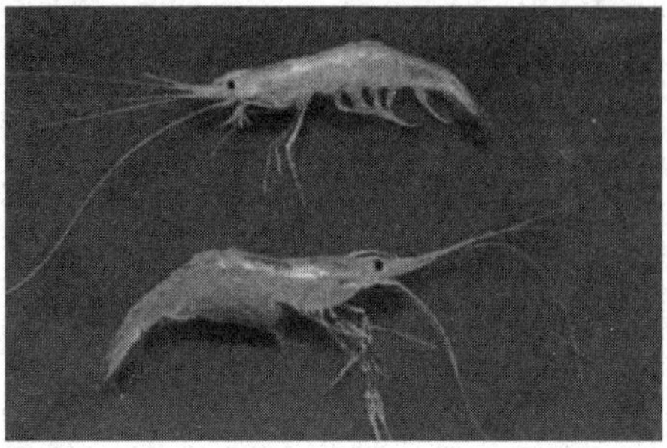
◆脊尾白虾

动物已记录有 140 多种，如毛蚶、菲律宾蛤仔、文蛤、褶壮蛎、中国对虾、脊尾白虾等种类生物量较大，可形成渔业。

游泳动物有 120 余种，以鱼类为主，还有少数虾、蟹类、头足类及海兽。主要鱼类有黄鲫、鳀鱼、鲈鱼、黄姑鱼、半滑舌鳎等 20 多种。

半遮面的黄海

黄海是一个半封闭的海，面积 38 万平方千米，平均水深 44 米，最深 140 米。黄海环流基本上由中国沿岸地区的黄海暖流和沿岸流所组成。

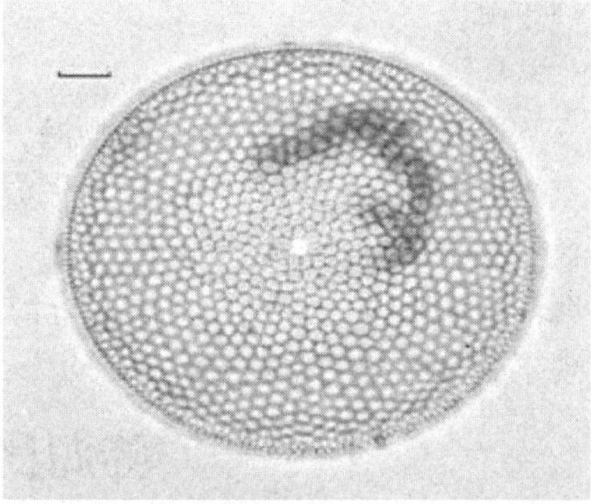
◆显微镜下辐射列圆筛藻

浮游植物已记录有 368 种，优势种类有圆筛藻、角毛藻、根管藻、盒形藻、菱形藻、多甲藻等；浮游动物已记录有 130 种，主要优势种有中华哲水蚤、墨氏胸刺水蚤、太平洋磷虾、细脚拟长螆及强壮箭虫等。

◆中华哲水蚤

底栖动物已记录有 200 多种，以多毛类种数为最多，分布较广的有不倒翁虫、长须沙蚕、持真节虫、褐色角沙蚕、背褶沙蚕、细螯虾、钩倍棘蛇尾、萨氏真蛇尾等。

游泳生物黄海北部已发现 219 种，黄海南部有 225 种。以鱼类为主，也有虾、蟹及头足类等，主要优势种有斑鰶、黄鲫、青鳞鱼、小沙丁鱼、鳀鱼、银鲳、鳓鱼、半滑舌鳎、小黄鱼、黄姑鱼、带鱼、鲈鱼、牙鲆等。黄海有鲸类 15 种，鳍脚类 3 种、海龟 4 种。

富饶的东海龙宫

◆俗名：石蟹，中文学名：日本蟳

东海面积约77万平方千米，大部分陆架区平均水深370米，最深达2719米。东海沿岸流和台湾暖流是东海浅水区域的两支主要海流。

浮游植物种类在长江口附近有64种，浙江沿岸有261种，优势种类有中肋骨条藻、圆筛藻、劳氏角毛藻、尖刺菱形藻等。

浮游动物长江口附近有81种，浙江沿岸有223种，主要种类有中华哲水蚤、真刺唇角水蚤、中华假磷虾、太平洋纺锤水蚤、肥胖箭虫等。

底栖生物已记录有465种，其中软体动物77种，多毛类77种，甲壳动物95种，棘皮动物136种，鱼类62种，其他18种。游泳生物在长江口及浅海区有鱼类167种；浙江浅海区有203种，主要种类是：大黄鱼、带鱼、鲫鱼、银鲳、龙头鱼、鮸鱼、海鳗、蛇鲻、中国毛虾、脊尾白虾、三疣梭子蟹、日本蟳、曼氏无针乌贼等。

美丽遥远的南海

南海地处热带、亚热带，面积350万平方千米。除大陆架区外，有面积约占30%的深海，平均水深1400米。南海北部有沿岸流和南海暖流两大流系。

浮游植物有104～260种，主要是硅藻和甲藻，优势种类是硅藻中的角毛藻类和根管藻类；浮游动物在南海北部沿岸已记录有130种，南海南部有250种，主要优势种类为挠足类。

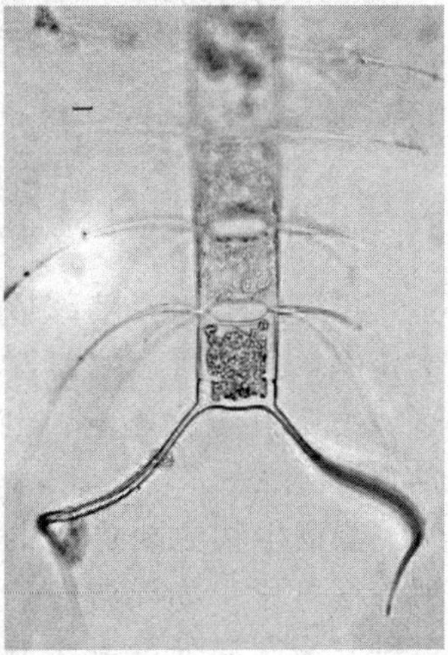

◆牛角状角毛藻

底栖生物在广东河口区水域以低盐种类为主，具有种类少而数量大的特点，已记录有319

◆珊瑚

◆柔鱼

种。粤东中西部和粤西沿岸水域底栖生物组成中多数是南亚热带高盐性种类和一些热带性种类，共有 820 种，优势种类为软体动物、节肢动物、环节动物等。海南沿岸水域底栖生物组成大体上属热带性种类，共有 755 种，以珊瑚类和海藻类为主，其次为软体动物和棘皮动物。广西沿岸水域底栖生物共有 832 种，优势种以棒锥螺为主，其次为毛蚶。在南海的西沙群岛，底栖生物共有 135 种，其中甲壳动物为主，占 30.37%，其次为软体动物和棘皮动物。

游泳生物在南海北部的鱼类已记录有 1064 种，有经济价值的约 100 种，主要有蓝圆鲹、金色小沙丁鱼、日本鲐鱼、竹筴鱼等；虾类有 200 多种，如对虾、赤虾、樱虾等，多为热带、亚热带种类。南海的南部有鱼类 535 种，以珊瑚礁鱼类和热带大洋性鱼类占优势；北部头足类有 58种，其中常见经济种 25 种，如太平洋褶柔鱼、夏威夷双柔鱼、乌贼等。

黑潮流域生态系统

黑潮是中国海陆架区毗邻的最大流系，其热量和水量对中国陆架区浅海都有重大影响，也是世界上的强海流之一。

◆美丽的珊瑚

黑潮生物主要类群的生态特点具有多样性，如浮游植物有高温高盐种，偏高温低盐种，偏低温高盐种和广温广盐种；浮游动物包括暖温带近岸类群和热带大洋类群；鱼类可分为上层鱼、中层鱼、下层鱼等。

由于黑潮的高温、高盐特性，也有它的指示种，特别是浮游生物指示种，如浮游植物中的热带戈斯藻、南方星纹藻、达氏角毛藻、双刺角甲藻、四齿双管藻等；浮游动物中的精致真刺水蚤、海洋真刺水蚤、芦氏拟真刺水蚤、肥胖箭虫、四叶小舌水母、宽假浮萤、柔巧磷虾等20余种。

独特的河口生态系统

中国沿海有1500多条江河入海，在河口及其附近水域，有大量的淡水和陆源物质的注入，形成了独特的河口类型的海洋生态系统。一般地说，河口区生物的种类组成较复杂，多样性指数较高。

◆海洋生态系统

中国有三大河口区，分别是长江口、黄河口和珠江口。现已鉴定的浮游植物种类分别为64种、103种、224种；浮游动物为105种、66种、133种；底栖生物与潮间带生物分别为153种、191种、456种和41种、195种、189种；游泳生物则为189种、144种和356种。从生态类型看，珠江口是以热带、亚热带种为主，游泳生物以暖水性种为主；长江口和黄河口则是以广布种和温带种为主，游泳生物以暖温性种为主。

尽管各河口区生物的生态类型不同，但由于河口区生态环境的特殊性决定了三大河口区的群落结构有着共同特点：都可分为三种类型，（1）淡水群落；（2）咸淡水群落；（3）海水群落。以长江口区的鱼类分布为例，该区有鲤科、鳅科等淡水鱼类，大约占鱼类总数的17.4%；鲻科、虾虎鱼科等咸淡水鱼类，约占总数的21.6%；而鲱形目、颌针目、鲈形目、鲽形目等海水鱼类，占总数的57.2%；其他3.8%。

奇妙的上升流生态系统

◆嵊泗列岛

中国渤海中部，黄海冷水团区，山东半岛近海，浙江近海，闽南沿海，台湾西南，粤沿海，海南东南部都有上升流区。

典型的上升流区有：

1. 闽南近海上升流生态系统：从福建漳浦礼士列岛至粤东甲子海域，以南澎列岛为中心。这里的上升流仅出现在夏季。近海岸水体，是西南方向的离岸风，引起底层水向上涌升所形成的，是风生上升流，仅在夏季才形成中心渔场。

2. 台湾浅滩南部上升流：浅滩南部几乎终年存在一个东西走向的低温、高盐、高密的狭窄长带，夏季温、盐等值显示有朝陡坡急剧上升的趋势，显示一个明显的低 pH 值中心和高营养盐、低溶解氧饱和度等底层水沿坡涌升的现象。

总之，上升流这种水文现象，形成了特定的生态系统。上升流生态系统往往具有生产力高、食物链短、物质循环快、能量转换效率高的特点。

世界奇观

水往高处流

人们常说：人往高处走，水往低处流。但是，偏偏有一个地方，水随人移，“人往高处走，水往高处流”。

这就是世界上唯一的自然奇观，位于洛阳新安县，在龙潭大峡谷的峡谷中部，有一段长约 50 米的溪流由低处缓缓流向高处。

◆奇观：水往高处流

遥不可及
——深海生态系统

在远离人类的世界外有这样一片海域，没有阳光，寒冷且高压，我们无法想象这里有生命的踪迹。可是生命的顽强此时体现得淋漓尽致，即使生存的环境如此恶劣，它们依旧坚强而且美丽地生活着。

这是一群什么样的生物啊，神秘又扣人心弦……

◆深海生物

深海是海洋中一个缺乏阳光，静水压力大，黑暗、低温和高压的环

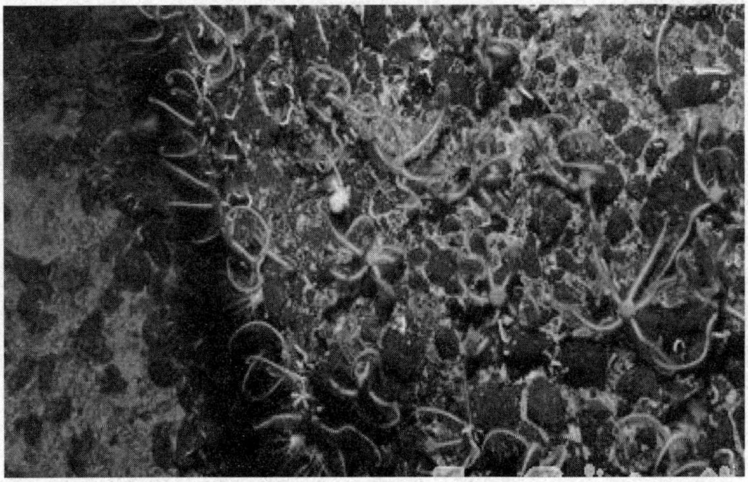

◆微型海星布满海底火山

◆管状蠕虫

境。由于没有阳光，这里没有光合作用的植物，也没有植食性动物，只有碎食性和肉食性动物、异养微生物和少量滤食性动物。

目前发现的有两种完全独立的生态系统：海底火山生态系统和海底湖泊生态系统。

1. 海底火山生态系统：火山热泉喷出的海水中，富有硫化氢和硫酸盐类，所以硫化细菌十分繁茂，密度达106个/毫升，这些细菌以化能合成作用进行有机物的初级生产，为滤食性动物提供饵料，管蠕虫正是分解硫化氢制造养料的，虾蟹有时就会偷吃管蠕虫的触须。群落的动物有滤食有机物和细菌的双壳类、铠甲虾，与细菌共生的巨型管栖动物，以及小蟹、管水母、某些腹足类和红色的鱼类等海底火山热泉生物。

2. 海底湖泊生态系统：在海底形成湖泊是件很不寻常的事，“湖泊”的形成是由于密度不均的海水分层，从沙滩下不断涌出高密度的甲烷气体所致。在湖泊周围的沙滩上仍然生活着管蠕虫，甲烷气体的分解为其他动物提供生存所需的养料，虾蟹等低级小动物伴随管蠕虫左右也生活在这条脆弱的生态系统当中。

人类对深海资源的探索还不及1%，但是人类已经对这脆弱的海底环境造成了很大损害。

拓展思考

1. 深海中是怎样一种环境呢？
2. 海底生态系统有哪两种类型，分别是什么？
3. 为什么说深海是一个脆弱的、完全独立于外界的生态系统？

天然牧场
——海草床生态系统

提到牧场，大家都会想到一望无际的大草原，那绿油油的草场，那成群的牛羊，还有那骑马的牧民，一片欣欣向荣的情景，让人振奋，让人喜悦。

海草床生态系统，也是郁郁葱葱，繁茂无比，是海洋中动物们的天然牧场，供着各级消费者的食物来源。

◆海草床生态系统

◆海草

海草是指生活于热带和温带海域的浅水海岸带，一般在潮下带浅水 6 米以上（少数可达 30 米）环境的单子叶植物。海草适合生长在近海浅水域和河口海湾环境，多数种类分布在东半球的印度洋和西太平洋地区，部分种类分布在西半球加勒比海地区。

海草之所以能适应海生生活，主要是具备以下四种机能：①具有适应盐介质的能力；②具有一个很发达的支持系统来抗拒波浪和潮汐；③当完全被海水覆盖时，有完成正常生理活动以及实现花粉释放和种

◆海草床生态系统

◆馒头蟹

◆海草

子散布的能力；④在环境条件较为稳定的情况下，具备与其他海洋生物竞争的能力。

海草生长在海洋边缘相当狭窄的地带，具有极高的生产力，碳的固定量可与热带雨林相比，海草场是热带水域重要的生产者，成为许多经济鱼类和无脊椎动物的天然食区。下面介绍 4 个我国海草场：

龙湾港：湾内开阔，生长有大片的海草，向南与潭门港岸线海草床基本连成一片。种类有泰莱草和海菖蒲，平均密度为每平方米 248 株，平均盖度为 74.85%。该海域沿岸海草床中有鱼类 12 种，馒头蟹科和梭子蟹科的蟹类，伴生生物 17 种。

新村港：海草在该港南部海域以大片分布为主，东部海域以点状分布。种类有泰莱草、海菖蒲、海神草、羽叶二药藻和小喜盐藻，平均密度为每平方米 547 株，平均盖度为 65.5%。其中鱼类有 8 种，伴生生物有 21 种。

黎安港：该海域的生物资源非常丰富，海草面积约有 2.07 平方千米，基本以大面积分布。海草种类有泰莱草、海菖蒲、海神草和针叶藻，平均密度为每平方

米 254 株，平均盖度为 57.8%。该港海草床底栖生物丰富，常见的类群有紫海绵、梭子蟹、网新锚参、细鳞刺等，伴生生物有 25 种。

长圮港：海草分布一般以混合方式生长，也有单种小面积分布。海草种类有泰莱草、海菖蒲、喜盐藻、二药藻和针叶藻，平均密度为每平方米 291 株，平均盖度为 54.6%。该海域沿岸海草床共调查到鱼类 8 种，以及大量的馒头蟹科和梭子蟹科的蟹类，伴生生物有 17 种。

长圮港与琼海海岸线南端的龙湾港、潭门港和地处文昌岸线北端的高隆湾海草床连成了海南东部沿岸大片海草资源。另外海南东部的文昌、琼海和陵水沿岸海域，也有大片海草床分布。

与珊瑚礁生态相比，海草床生态系统相对较稳健，但海洋资源的过度开发、高密度养殖会给海草生存带来很大的压力，特别是像炸鱼等破坏性作业行为，更会使海草资源遭到破坏。

拓展思考

1. 海草属于哪类植物，单子叶还是双子叶？
2. 海草适合海洋环境得以生存的机能是什么？
3. 海草床生态系统具有哪些生态效益？

骨骼的作用
——珊瑚礁生态系统

每当电视里看到五彩缤纷、绚丽多彩的珊瑚礁时，不禁会怦然心动，心驰神往，真想亲眼目睹，亲手触摸。

其实珊瑚礁是珊瑚的骨骼堆积而成的，这是我们无法想象的，也不愿意去想的，怎么会是一堆骨骼呢？那么美丽的身姿，那么绚烂的色彩……

◆珊瑚

海洋中的热带雨林

◆珊瑚礁

珊瑚礁生态系统是以珊瑚礁为依托的生态系统，在珊瑚礁里，生活着许许多多生物，共同组成了一个特殊的生态系统，称珊瑚礁生态系统。它同陆地上的热带雨林生态系统很相似，所以我们又称珊瑚礁为“海洋中的热带雨林”或“蓝色沙漠中的绿洲”。

珊瑚礁生态系统经历了漫长的演化历史，经过反复淘汰和适应，各类生物基本上能相互制约协调，达到近乎和平，共处于一个有限的空间，形成了自然的生态平衡状态。

海洋生物的大都会

珊瑚礁具有适宜各类生物生长的极好自然条件，最重要的是海水清洁、温度适宜。这里有丰富的浮游植物、藻类和海草等，为珊瑚、海葵、草食性动物、底栖生物以至鱼类及其他掠食者提供了充足的饵料，与周围外洋相比，这里有极为旺盛的初级生产力。

◆美丽的珊瑚礁

不同形态的造礁珊瑚分泌的钙质骨骼，创造了多层次的空间，为各种喜礁生物提供了栖息、附着或庇护的场所。底栖生物中，有的穴居礁中，有的固着在礁的表面不动，或缓缓移动于礁表面；也有一些鱼类与珊瑚、海葵或海绵共生，有的则穿梭于珊瑚枝杈之间，有的则在礁的上层水域活动；更有一些微小的生物共生于珊瑚虫体内。

◆珊瑚礁生态系统

总之，众多的生物汇聚在珊瑚礁里，充分利用珊瑚礁的各个层次的空间，使珊瑚礁成为热带海洋生物的大都会。

广角镜——世界上著名的珊瑚礁

世界上著名的珊瑚礁如下：

1. 世界上最大的珊瑚礁：澳大利亚的大堡礁；
2. 中美洲洪都拉斯的罗阿坦堡礁；
3. 埃及红海海岸的珊瑚礁。

珊瑚礁里的生物极其复杂、丰富，构成一个多样性极高的顶极生态系统，不仅向人类提供海产品、药品、建筑和工业原材料，而且能起到防岸护堤、保护环境的作用。为了我们人类自己，为了子孙后代，应该自觉爱护自然，保护造礁石珊瑚的物种，必须严格禁止卖买、贸易，通过立法加大力度保护，使造礁石珊瑚能够持续发展，创造出更大的生产力供人类持续利用。

◆广州徐闻七彩珊瑚礁龄万年为国内面积最大

点击——国际珊瑚礁年

◆石珊瑚

在《濒危野生动植物种国际贸易公约》附录Ⅰ、Ⅱ中，明确指出石珊瑚目的所有种都属二级濒危野生动物。

据“九七全球珊瑚礁考察”证实，全球范围的珊瑚礁普遍遭受到破坏，其中95%是由人为因素造成的，使“蓝色荒漠中的绿洲”变成了真正的荒漠，为此1997年的国际珊瑚礁年上，与会专家号召全人类保护濒临严重退化的珊瑚礁。

恢复破坏了的珊瑚礁生态系统成了人们关注的热点，因为珊瑚礁的骨干是造礁石珊瑚，那么珊瑚礁生态系统的恢复，也就是恢复造礁石珊瑚群落的繁盛发育、生长。

海岸卫士
——红树林生态系统

红树林你听说过吗？是一片红色的树林吗？是陆地上的一片林地吗？初次听到“红树林生态系统”时，我就提出过这样的问题。

了解了这个问题之后，我向你再提出如下的问题：有些植物可以像人类一样胎生，你知道是谁吗？“海岸卫士”指的是谁呢？它们真的能守护海岸吗？带着这样的疑问，大家就浏览下去吧。

◆红树林带

胎生植物——红树林

◆红树林植物的胎生现象

红树林生态系统是由生长在热带海岸泥滩上的红树科植物与其周围环境共同构成的生态功能统一体。

在红树林生态系统中，主要植物种为红树、红茄苺、角果木、秋茄树、木榄、海莲等。它们具有呼吸根或支柱根；行胎生：就是当果实在树上时种子即可在其中萌芽成小苗，然后再脱离母株，下坠插入淤泥中发育为新株。

奇特的红树林特征

因为红树林处于水陆交接处，构成了独特的食物链和食物网。植物是生产者，数量多、生产力强，而且物种的种类和数量也比较多，同时因环境潮湿，微生物能够大量生存，提高了物质循环和能量流动。因此红树林生态系统具有以下几个特点：

1. 高开放性；
2. 高敏感性；
3. 具高生产力、高归还率和高分解率的“三高”特点；
4. 高生物多样性；
5. 独特食物网结构等。

◆红树林生态系统

急功近利，危机四伏

◆红树林生态系

印度洋海啸给世人敲响了警钟，要提高防灾意识，除加强沿海地区的防波堤建设外，应尽快恢复沿海的红树林。但是在《海洋环境保护法》和《国家海域使用管理暂行规定》颁布实施多年的今天，仍然有些人无视国家法规，急功近利，大片地砍伐红树林，包括几个国家级红树林自然保护区都遭到不同程度的砍伐破坏。

点击——红树林保护区

1. 广东深圳福田国家级红树林鸟类自然保护区

该保护区位于深圳湾北东岸深圳河口，面积368公顷，是我国唯一位于市区，面积最小的自然保护区，也被国外生态专家称为“袖珍型的保护区”。

2. 广东珠海红树林

该保护区分布在淇澳岛、横琴岛和红旗西堤、磨刀门和鸡啼门水道出海口附近堤岸，其中位于淇澳岛西北部大围湾的淇澳岛红树林保护区面积最大。它不仅是珠海市的珍稀资源，也是珠江三角洲不可多得的一片红树林湿地，同时是全国少有的紧靠大城市的红树林区之一。

3. 海南东寨港国家级红树林自然保护区

该保护区位于海南文昌市铺前镇6千米长的沿海岸线上，总面积3300多公顷，被列入《世界湿地名录》。但从1993年以来，不断有群众进入保护区砍红树、挖塘养殖，大片大片的红树林区成为了荒芜的水泥塘。

◆海南东寨港自然保护区管理制度

4. 广东湛江红树林国家级自然保护区

该保护区位于广东省湛江市境内，面积1.9万公顷，核心保护区-高桥红树林保护区为中国最大的红树林连片生长基地，主要保护对象为红树林生态系统。

湛江红树林保护区作为我国现存红树林面积最大的一个自然保护区，在控制海岸侵蚀、保持水土和保护生物多样性等方面发挥着越来越重要的作用。

5. 广西山口红树林国家级保护区

该保护区位于广西北海市合浦县沙田半岛东西两侧，海岸线总50千米，总

◆海南省清澜港红树林保护区

◆福建漳江口红树林国家级自然保护区

面积 8000 平方千米，是我国第二个国家级的红树林自然保护区。

6. 海南省清澜港红树林保护区

该保护区有保护最完整的红树林。它地处文昌市的清澜港沿岸一带，保护面积达 2948 公顷，有林面积达 2732 公顷。这里的种类多样性优于东寨港，具有较优势的典型性和稀有性，因而具有较大的潜在科研意义。

7. 福建漳江口红树林国家级自然保护区

该保护区位于福建省漳州市云霄县漳江入海口。主要保护对象以红树林湿地生态系统、濒危野生动植物物种、东南沿海水产种质资源为主。

漳江口保护区位于台风多发区，1955～1980 年间影响云霄的台风达 150 次，年平均台风影响 5.8 次。红树林湿地是该区域的保护者，在稳固海岸、抵抗台风侵袭方面有重要作用。

红树林的生态效益

为什么要保护这些红树林生态系统呢？

红树林是至今世界上少数几个物种最多样化的生态系之一，生物资源量非常丰富，如广西山口红树林区就有 111 种大型底栖动物、104 种鸟类、133 种昆虫。为什么呢？首先：红树以凋落物的方式，通过食物链转换，为海洋动物提供良好的生长发育环境，同时红树林区内潮沟发达，吸引深水区的动物来觅食栖息，生产繁殖；其次：红树林生长于亚热带和温带，拥有丰富的鸟类食物资源，所以红树林区不仅是候鸟的越冬场和迁徙中转

◆红树林生态系统中生活的鸟类

站，更是各种海鸟觅食栖息和生产繁殖的场所。

另一重要生态效益是它的防风消浪、促淤保滩、固岸护堤、净化海水和空气的功能。红树林中盘根错节的发达根系，能有效地滞留陆地来沙，减少近岸海域的含沙量，而茂密高大的枝体宛如一道道绿色长城，有效抵御风浪袭击。

回望历史——敲响警钟

据记载，1958年8月23日福建厦门曾遭受过一次历史上非常罕见的强台风袭击，12级台风由正面向厦门沿海登陆，随之产生的强大而凶猛的风暴潮，几乎吞没了整个沿海地区，人民生命财产损失惨重。但是在离厦门不远的龙海县角尾乡海滩上，因为生长着高大茂密的红树林，该地区的堤岸安然无恙，农田村舍损失甚微。

◆红树林，人类的保护神

1986年广西沿海发生了近百年未遇的特大风暴潮，合浦县398千米长的海堤被海浪冲跨294千米，但凡是堤外分布有红树林的地方，海堤就不易冲跨，经济损失就小。当地群众从切身利益中感受到红树林是他们的“保护神”。

撕裂的空间
——海岛生态系统

◆海岛

地球上有陆地也有海洋，陆地被大洋所隔开，而海洋中也有历史所遗留的各个海岛，就像从地球大陆上被撕裂下来的。

就像鲁滨逊漂流记中的孤岛，它虽然远离人群，似乎与世隔绝，但是也幸免于难，远离了人类的干扰……

海岛生态系统与红树林、珊瑚礁生态系统并称为“近海三大生态系统”，是生物栖息地为海岛的一类特殊生态系统。

海岛生态系统既不同于一般的陆地生态系统，也不同于以海水为基质的一般的海洋生态系统，这是因为海岛的地理隔离特点，使得它具有物种组成上的特殊性：物种存活数目与所占据的面积之间具有特定的关系；在无人类干扰下，岛屿内物种总数基本保持稳定。

◆鹭

生命起源地

——海洋

生命分布在地球上的几乎所有地方：海底，山巅，甚至更高处（在比最高的山峰还高将近5倍、距海平面41千米的高空也有细菌），世界上最热与最冷的地区。无论追溯到多么久远的岁月，似乎都能发现生命：就是在已存在了40亿年的古岩石中，也有古代的活生物化石。

那么生命起源地到底在哪里呢？

这片覆盖着约地球表面四分之三的“蓝色领土”，让我们撩起她幽深而富饶的神秘面纱，进入她的壮美辽阔之中吧。

◆海洋

地球上面积我最大——海洋

一提起海洋，大家眼前就是一片蓝汪汪。那你知道海洋到底指的是什么吗？它有多大，有多长，有多宽啊？

◆海洋

地球上约占表面面积为70%的盐水域，被称为海洋。它主要分布于地表的巨大盆地中，面积约362000000平方千米。海洋中含有13.5亿多立方千米的水，约占地球上总水量的97.5%。

全球海洋被分为四个大洋和若干面积较小的海。

四个大洋为太平洋、大西洋、印度洋和北冰洋，大部分以陆地和海底地形线为界。

重要的边缘海多分布于北半球，它们部分为大陆或岛屿包围。最大的是北冰洋及其近海、亚洲的地中海、加勒比海及其附近水域、地中海、白令海、鄂霍次克海、黄海、东海和日本海。

◆海洋

开天辟地——海洋的形成

◆盘古开天辟地

三国·吴·徐整《三五历纪》：“天地混沌如鸡子，盘古生在其中，万八千岁，天地开辟，阳清为天，阴浊为地，盘古在其中。”盘古开天辟地后才有了太阳、月亮、星星、高山、河流、草木等等。

海洋，被誉为“生命的摇篮”。神话的美丽背后，揭示着海洋形成的奥秘。

原始海洋是怎么形成的？海水是从哪里来的呢？

对这个问题目前科学还不能作出最后的答案，这是因为，它们与另一个具有普遍性的、同样未彻底解决的太阳系起源问题相联系着。

> 原始海洋的海水不是咸的，而是带酸性、并且是缺氧的。

大约在 50 亿年前，从太阳星云中逐渐形成原始地球的地壳、地核和地幔。初形成的地壳较薄，而内部温度很高，因此火山爆发频繁，从火山喷出的气体，就构成地球的还原性大气，主要成分是氨气、氢气、甲烷、水蒸气。水是原始大气的主要成分，原始地球的地表温度高于水的沸点，所以当时水都以水蒸气的形态存在于原始大气之中。地表不断散热，水蒸气被冷却又凝结成水，位于地表的一层地壳，在冷却凝结过程中，不断地受到地球内部剧烈运动的冲击和挤压，因而变得褶皱不平，有时还会被挤破，形成地震与火山爆发，喷出岩浆与热气。开始，这种情况发生频繁，后来渐渐变少，慢慢稳定下来，这种轻重物质分化，产生大动荡、大改组的过程，大概是在45亿年前完成了。

地壳经过冷却定形之后，地球就像个久放而风干了的苹果，表面皱纹密布，凹凸不平。高山、平原、河床、海盆，各种地形一应俱全了。

在很长的一个时期内，天空中水汽与大气共存于一体，浓云密布，天昏地暗。随着地壳逐渐冷却，大气的温度也慢慢地降低，水汽以尘埃与火山灰为凝结核，变成水滴，越积越多。由于冷却不均，空气对流剧烈，形成雷电狂风，暴雨浊流，雨越下越大，一直下了很久很久。滔滔的洪水，通过千川万壑，汇集成了巨大的水体，这就是原始的海洋。

万花筒

原始地球

从太阳星云形成初生的地球，在旋转和凝聚的过程中，由于本身的凝聚收缩和内部放射性物质（如铀、钍等）的蜕变生热，温度不断增高，其内部甚至达到炽热的程度，于是重物质就沉向内部，形成地核和地幔，较轻的物质则分布在表面，形成地壳。

地球上生命的诞

由于水分不断蒸发，反复地形云致雨，重又落回地面，把陆地和海底岩石中的盐分溶解，不断地汇集于海水中。经过亿万年的积累融合，才变成了大体均匀的咸水。同时，由于大气中当时没有氧气，也没有臭氧层，紫外线可以直达地面，靠海水的保护，生物首先在海洋里诞生。

大约在38亿年前，在海洋里产生了有机物，先有低等的单细胞生物。到6亿年前的古生代，才有了蓝藻。蓝藻在阳光下能进行光合作用，产生了氧气。大气中的氧气发生光化学作用时，便形成了臭氧，此时，生物才开始登上陆地。

知识库——什么是光合作用?

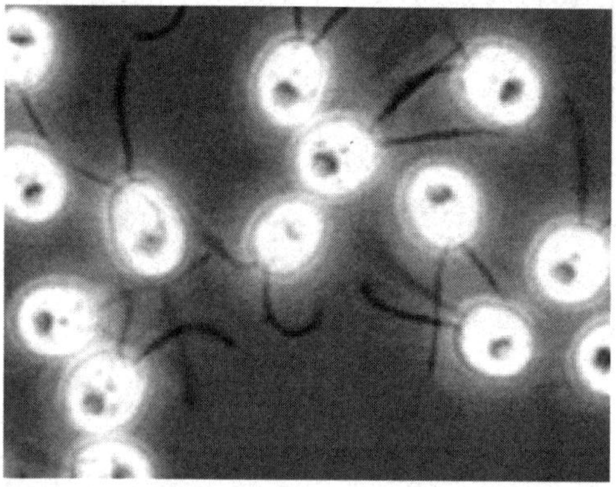

◆藻类

光合作用就是光能合成作用，是植物、藻类和某些细菌，在可见光的照射下，利用光合色素，将二氧化碳（或硫化氢）和水转化为有机物，并释放出氧气（或氢气）的生化过程。

光合作用是一系列复杂的代谢反应的总和，是生物界赖以生存的基础，也是地球碳氧循环的重要媒介。

总之，经过水量和盐分的逐渐增加，以及地质历史上的沧桑巨变，原始海洋逐渐演变成今天的海洋。

动手做一做

去网上了解海洋的形成与发展的相关内容吧：

1. 去搜索网站，就 Google 吧：网址：http://www.google.com;

2. 搜索："海洋的形成"，这个时候你将会发现许多关于海洋形成的网站链接，随便点一个开始了解吧；

3. 如果搜索"单细胞生物"，你会发现许多有趣的并且是你肉眼根本看不到的生物哦。

火眼金睛
——海与洋的区别

广阔的海洋，从蔚蓝到碧绿，美丽而宽阔。海洋，海洋，人们总是这样说，但好多人却不知道，海和洋不完全是一回事，它们彼此之间是不相同的。那么，它们有什么不同，又有什么关系呢？

海洋的中心——洋

洋，海洋的中心部分，是海洋的主体。世界大洋的总面积，约占海洋面积的 89%。大洋的水深，一般在 3000 米以上，最深处可达 1 万多米。大洋离陆地遥远，不受陆地的影响。它的水温和盐度的变化不大。每个大洋都有自己独特的洋流和潮汐系统。大洋的水色蔚蓝，透明度很大，水中的杂质很少。

◆洋

小知识

世界上最深的地方

世界海洋中最深的地方是马里亚纳海沟，深 11034 米，其数值比世界第一高峰——海拔 8848 米的珠穆朗玛峰的高度值还大 2186 米！

洋的附属物——海

海，在洋的边缘，是大洋的附属部分。海的面积约占海洋的 11%，海

◆冬天的海

的水深比较浅，平均深度从几米到二三千米。海临近大陆，受大陆、河流、气候和季节的影响；海水的温度、盐度、颜色和透明度，都受陆地影响，有明显的变化。夏季，海水变暖，冬季水温降低；有的海域，海水还要结冰。在大河入海的地方或多雨的季节，海水会变淡。由于受陆地影响，河流夹带着泥沙入海，近岸海水混浊不清，海水的透明度差。海没有自己独立的潮汐与海流。

海可以分为边缘海、内陆海。

边缘海

边缘海既是海洋的边缘，又临近大陆前沿，以岛屿、群岛或半岛与大洋分隔，是仅以海峡或水道与大洋相连的海域。

白令海、鄂霍次克海、日本海等，为纵边缘海；北海等，为横边缘海。

内陆海

◆印度洋西北狭长的内陆海——红海

内陆海是位于大陆内部的海，被大陆或岛屿、群岛所包围，是仅通过狭窄的海峡与大洋或其他海相沟通的水域，又称地中海、封闭海。

按形态特征和水文特征，内陆海可分为陆间海和陆内海两种类型。

陆间海位于几个大陆之间，面积较大，平均深度较深，海底地貌比较复杂，如地中海、加勒比海等。地中海是世界上最大的陆间海，位于亚、欧、非三大洲之间，东西长约 4000 千米，南北最宽处约 1800 千米，面积约 250 万平方千米，平均深度约为 1600 米，最深处达 4594 米。

陆内海深入一个大陆内部，面积较小，平均深度较浅，海底地貌较为单纯，如渤海、波罗的海、红海、波斯湾、哈德孙湾等。里海是世界上最大的内陆水域，位于辽阔平坦的中亚西部，整个海域狭长，南北长约 1200 千米，东西平均宽约 320 千米，面积约为 38 万平方千米，平均深度约 184 米，最深处达 1024 米。

小 知 识

世界四大洋：太平洋、印度洋、大西洋和北冰洋。

我国的边缘海：黄海、东海、南海。

我国的内海：渤海。

拓展思考

1. 海和洋有什么区别呢？你能区分开吗？
2. 你知道四大洋指的是什么吗？
3. 你知道什么是边缘海及内陆海吗？

洋之兄弟——世界四大洋

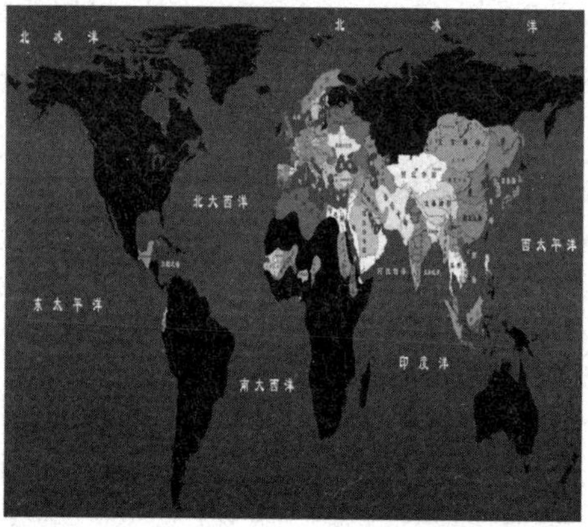

◆世界海洋地图

兄弟4人排行：伯，仲，叔，季。世界四大洋也是4兄弟，孰为大孰为小，你能区分开吗？你是依据什么特征区别的呢

现在，就让我们对世界四大洋作一番巡视与甄别吧！

地球上的陆地广布四方、彼此隔开，而海水则是四通八达、连成一体，这一连片不断的水体便构成了世界海洋。世界海洋是以大洋为主体，与围绕它们的附属的大海共同组成的。全世界共有四大洋：太平洋、大西洋、印度洋和北冰洋。主要的大海共有54个之多，如地中海、加勒比海、波罗的海、红海、南海等等。

伯——太平洋

太平洋是世界海洋中面积最大、深度最深、边缘海和岛屿最多的大洋。

名字由来

“太平”即“和平”之意，太平洋最早是由西班牙探险家巴斯科命名的。

16世纪，西班牙的航海学家麦哲伦从大西洋经麦哲伦海峡进入太平洋到达菲律宾，航行期间天气晴朗，风平浪静，于是也把这一海域不约而同地取名为“太平洋”。

◆斐尔南·德·麦哲伦

◆西班牙麦哲伦的航线图

太平洋位于亚洲、大洋洲、美洲和南极洲之间，北端的白令海海峡与北冰洋相连，南至南极洲，并与大西洋和印度洋连成环绕南极大陆的水域。太平洋南北的最大宽度约 15900 千米，东西最大长度约 109900 千米。总面积 17868 万平方千米，占地球表面面积的三分之一，占世界海洋面积的二分之一。平均深度 3957 米，最大深度 11034 米。全世界有 6 条万米以上的海沟全部集中在太平洋。太平洋海水容量为 70710 万立方千米，居世界大洋之首。

太平洋中蕴藏着丰富的资源，尤其是渔业水产和矿产资源。其渔业水产量，以及多金属结核的储量和品位均居世界各大洋之首。

仲——大西洋

大西洋是世界第二大洋，位于南、北美洲和欧洲、非洲、南极洲之间。似“S”形，呈南北走向，长大约 1.5 万千米，东西窄，最大宽度为 2800 千米，总面积约 9166 万平方千米。平均深度 3626 米，最深处达 9219 米，位于波多黎各海沟处。

广角镜——英国科考队探秘大西洋海底神秘巨坑

◆ “RRS·詹姆斯·库克”号科考船

大西洋海底出现的巨坑位于佛得角群岛到加勒比海的中途的大西洋海域之中，在海底延伸约有数千平方千米，最高处位于海平面之下 3000 米。

海底其他地区都有大约 6.4 千米厚的地壳部分，而这个巨坑上层只有一层薄薄的地幔。这就不符合公认的地板构造模式，英国科学家希望进一步直观地了解地球运动进程，组成了一支由 12 名科学家组成的科考队，乘坐“RRS·詹姆斯·库克”号科考船从西班牙特内里费岛出发，对这个海底巨坑展开了一系列细致的声纳测量。

大西洋中资源丰富，主要是矿产资源和水产资源。大西洋中的矿产资源主要有石油、天然气、煤、铁、重砂矿和锰结核等。水产资源主要盛产鱼类，捕获量约占世界的五分之一以上。捕获的主要鱼类有鲱鱼、北鳕鱼、毛鳞鱼、长尾鳕鱼、比目鱼、金枪鱼、鲑鱼、马古鲽鱼、海鲈鱼等。

◆比目鱼

大西洋上海运特别发达，东、西分别经苏伊士运河和巴拿马运河沟通印度洋和太平洋，其货运量约占世界货运总量的三分之二以上。

叔——印度洋

印度洋是世界第三大洋，位于亚洲、大洋洲、非洲和南极洲之间，面积约 7617 万平方千米，平均深度 3397 米，最大深度的爪哇海沟达

7450 米。

◆康盛口轮 DPS 波斯湾成功整体安装 CSP－1 石油平台

印度洋中的自然资源相当丰富，其中以石油最丰富，约占海上石油总产量的三分之一，波斯湾是世界海底石油最大的产区；金属矿以锰结核为主，主要分布在深海盆底部，其中储量较大的是西澳大利亚海盆和中印度洋海盆；红海的金属软泥是目前世界上已发现的具有重要经济价值的海底含金属沉积矿藏。

◆珍珠贝壳

印度洋中的生物资源主要有各种鱼类、软体动物和海兽。捕鱼量虽然比太平洋、大西洋少得多，但是印度半岛沿海捕鱼量还是很大的，主要捕捞鱼类有：鲭鱼、沙丁鱼和比目鱼，非洲南岸还有金枪鱼、飞鱼及海龟等。在近南极大陆的海域里，还有鲤鲸、青鲸和丰瓦洛鲸。在波斯湾的巴林群岛、阿拉伯海、斯里兰卡和澳大利亚沿海还盛产珍珠。

印度洋是世界最早的航海中心，其航道是世界上最早被发现和开发的，是连接非洲、亚洲和大洋洲的重要通道。其海洋货运量约占世界的 10%以上，其中石油运输量居世界首位，仅 1999 年，经印度洋运送的石油就居世界海上石油运输量的 46.5%。

季——北冰洋

北冰洋位于地球的最北面，大致以北极为中心，介于亚洲、欧洲和北美洲北岸之间，是四大洋中面积和体积最小、深度最浅的大洋。

北冰洋面积约 1479 万平方千米，仅占世界大洋面积的 3.6%；体积

◆北冰洋上的北极熊

◆现代爱斯基摩人

1698万立方千米，仅占世界大洋体积的1.2%；平均深度1300米，仅为世界大洋平均深度的三分之一；最大深度也只有5449米。

北冰洋是四大洋中温度最低的寒带洋，终年积雪，千里冰封，夏季积雪融化，表层土解冻，植物生长开花，为驯鹿和麝牛等动物提供了食物，也为夏季在这里筑巢的数百万只海鸟提供了丰富的食物来源，同时，也是海豹、鲸和其他海洋动物的食物。北极地区是世界上人口最稀少的地区之一。千百年以来，因纽特人（旧称爱斯基摩人）在这里世代繁衍生息。

你知道吗？

北冰洋的两大奇观

第一大奇观：那里一年中几乎一半的时间，连续暗无天日，恰如漫漫长夜难见阳光；而另一半日子，则多为阳光普照，只有白昼而无黑夜。

第二大奇观：常常可见北极天空的极光现象，飘忽不定、变幻无穷、五彩缤纷，甚是艳丽。

观测——五彩缤纷，变幻莫测的极光

极光多种多样，五彩缤纷，形状不一，绮丽无比，在自然界中还没有哪种现

◆极光

◆极光

象能与之媲美。极光有时出现时间极短，犹如节日的焰火在空中闪现一下就消失得无影无踪；有时却可以在苍穹之中辉映几个小时；有时像一条彩带；有时像一团火焰；有时像一张五光十色的巨大银幕；有的色彩纷纭，变幻无穷；有的仅呈银白色，犹如棉絮、白云，凝固不变；有的异常光亮、掩去星月的光辉；有的又十分清淡，恍若一束青丝；有的结构单一，状如一弯弧光，呈现淡绿、微红的色调；有的犹如彩绸或缎带抛向天空，上下飞舞、翻动；有的软如纱巾，随风飘动，呈现出紫色、深红的色彩；有时极光出现在地平线上，犹如晨光曙色；有时极光如山茶吐艳，一片火红；有时极光密聚一起，犹如窗帘幔帐；有时它又射出许多光束，宛如孔雀开屏，蝶翼飞舞。

拓展思考

1. 请说出世界四大洋的排名。
2. 你知道世界上最高和最深的地方吗？
3. 生活在世界最北端的是什么人？
4. 北冰洋的两大奇观是什么？

七彩之光——海洋的颜色

◆暗也遮挡不了我的光芒

海洋，它到底是什么颜色呢？蓝色？绿色？灰色？都不是的。翻开世界地图集，黄海、红海、黑海、白海会映入我们的眼帘。海洋，她是彩色的。海的颜色为什么不同？彩色的海是谁的杰作呢？

在海洋的世界里，有着与陆地一样的草丛、树木、森林。在这样一个同样有阳光、有绿草、有生物的世界里，我惊叹它的美丽，我为我曾经同情过海洋里的生物而感到可笑，我曾经以为在黑暗的世界里了无生趣，然而，我震撼了，因为透视了海洋的五颜六色。

◆黑海番鸭

海水对蓝光吸收的少，反射的多，越往深处越有更多的蓝光被折回到水面上来，因此，我们看到的海洋里的海水便是蔚蓝色一片。但实际上，海洋的海水却是红、黄、蓝、白、黑五色俱全，这是由于某种海水变色的因素强于散射所呈的蓝色时，海水就会改头换面，五色缤纷。

影响海水颜色的因素有悬浮质、离子、浮游生物等。大洋中悬浮质较少，颗粒也很微小，主要取决于海水

的光学性质，因此大洋海水多呈蓝色；近海海水，由于悬浮物质增多，颗粒较大，多呈浅蓝色；近岸或河口地域，由于泥沙颜色使海水发黄；某些海区当淡红色的浮游生物大量繁殖时，海水常呈淡红色。

万花筒——彩色的海，是大自然的杰作

我国黄海：特别是近海海域的海水多呈土黄色且混浊，主要是被从黄土高原上流进的又黄又浊的黄河水染黄的。

介于亚、非两洲间的红海：水温及含盐量都比较高，因而红褐色的藻类大量繁衍，成片的珊瑚以及海湾里的红色海藻都为之镀上一层红色，所以看到的红海是淡红色。

黑海：促成黑海海水变黑的因素是由于黑海里跃层所起的障壁作用，使海底堆积大量污泥，而且黑海多风暴、阴霾，特别是夏天狂暴的东北风，在海面上掀起灰色的巨浪，使海水呈墨黑一片。

白海：北冰洋的边缘海，气候异常寒冷，结冰期达 6 个月之久，掩盖在海岸的白雪不化，厚厚的冰层冻结住它的港湾，海面被白雪覆盖。由于白色面上的强烈反射，致使我们看到的海水是一片白色。

百味之王——海水的盐分

开门七件事："柴米油盐酱醋茶"，说明盐是人们的必需品。宋朝大文学家苏轼就有这样的诗句，"岂是闻韶解忘味，尔来三月食无盐。"吃饭时菜里如果不放点盐，即使山珍海味也如同嚼蜡。

自豪地说最早使用和制盐的是中国人。那百味之王的盐到底来自于哪里呢？

◆海盐

盐的历史

◆盐烹饪的美食

古人最早何时开始食用盐，迄今尚未发现史籍记载或考古资料可以确切说明。但是，可以想象，如同火的使用一样，盐的发现和食用，同样经历了极其漫长的岁月。

人类饮食文化是从品尝万物开始的，大自然赐予人类的万物中，哪些能食用，哪些不能食用，都是通过人的亲口品尝的积累，才获得食用经验的，也正是古代先民无数次地大胆品尝，才构筑起了人类饮食文化进步的阶梯。古代先民经过无数次随机性地品尝海水、咸湖水、盐岩、盐土

等，尝到了咸味的香美，并将自然生成的盐添加到食物中去，发现有些食物带有咸味比本味要香，经过尝试以后，逐渐用盐作调味品。

◆盐池

中国最早发现并利用的自然盐有池盐和岩盐，但是随着时间的推移，人们已不再满足于仅仅依靠大自然的恩赐所得到的自然生成的盐，开始摸索从海水、盐湖水、盐岩、盐土中制取。在现在尚无更新的考古发现和典籍可资证明的情况下，“宿沙作煮盐”可视为中国海盐业的开端，宿沙氏是中国海盐的创始人。

海盐之谜

海水之所以咸，是因为海水中有 3.5%左右的盐，其中大部分是氯化钠，还有少量的氯化镁、硫酸钾、碳酸钙等。正是这些盐类使海水变得又苦又涩，难以入口。那么这些盐类究竟是从哪里来的呢？

还有一些科学家认为，海水所以是咸的，不仅有先天的原因，也有后来的因素。海水中的盐分不仅有大陆上的盐类不断流入到海水中去，而且在大洋底部随着海底火山喷发，海底岩浆溢出，也会使海水盐分不断增加。这种说法得到了大多数学者的赞同。

一些科学家则以死海为例指出，尽管海洋中的盐类会越来越多，但随着海水中可溶性盐类的不断增加，它们之间会发生化学反应而生成不可溶的化合物沉入海底，久而久之，被海底吸收，海洋中的盐度就有可能保持平衡。

有些盐来自海底的火山，但大部分来自地壳的岩石。岩石受风化而崩解，释出盐类，再由河水带到海里去。在海水不断地蒸发又不断地凝结成水的循环过程中，海水蒸发后，盐留下来，逐渐积聚到现有的浓度。海洋所含的盐极多，可以在全球陆地上铺成约厚150米的盐层。

食盐的加工

◆象州钡盐加工企业

食盐按加工程度的不同，可分为原盐（粗盐）、洗涤盐、再制盐（精盐）。

原盐是从海水、盐井水直接制得的食盐晶体，除氯化钠外，还含有氯化钾、氯化镁、硫酸钙、硫酸钠等杂质和一定量的水分，所以有苦味；洗涤盐是以原盐用饱和盐水洗涤的产品；再制盐是把原盐溶解，制成饱和溶液，经除杂处理后，再蒸发制得。

再制盐的杂质少，质量较高，晶粒呈粉状，色泽洁白，多作为饮食业烹调之用；另外，还有人工加碘的再制盐，为一些缺碘的地方作饮食之用。

盐的营养价值

◆美食

1. 食盐调味，能解腻提鲜，祛除腥膻之味，使食物保持原料的本味；

2. 盐水有杀菌、保鲜防腐作用；

3. 用来清洗伤口可以防止感染；

4. 撒在食物上可以短期保鲜，用来腌制食物还能防变质；

5. 用盐调水能清除皮肤表面的角质和污垢，使皮肤呈现出一种鲜嫩、透明的靓丽之感，可以促进全身皮肤的新陈代谢，防治某些皮肤病，起到较好的自我保健作用。

小常识——盐的日常妙用

1. 新买的牙刷在热盐水里浸30分钟左右取出，可使牙刷经久耐用；

2. 新买的浴巾在使用前用盐水浸透，即可预防其发霉；

3. 浴用海绵若变得既粗又滑，在冷盐水中浸一会，就会又软又松；

4. 盐水可以清除家具及墙壁的油漆气味；

5. 新摘下来的鲜花插在盐水里可保持较长时间不枯萎；

6. 在厨房水槽下水管中定期倒入浓盐水，可保持清洁，防止发臭和油污堆积；

7. 银制品上有了污渍，可先用盐擦拭污渍后再洗，清除效果好；

8. 清洁铁锅上的油腻时，先放入少量盐，再用纸擦铁锅，油腻更易清除；

9. 白色瓷砖、瓷澡盆、瓷脸盆如有褐色铁锈斑，可用适量的食盐与醋配成混合液擦洗；

10. 砧板上有鱼腥味时，用淘米水加盐洗擦，再用热水清洗，可除腥味。

拓展思考

1. 了解盐的历史，了解人类饮食的发展。
2. 你知道我们吃的盐是如何得到的吗?
3. 日常生活中盐有哪些妙用?

聚宝盆——海洋矿物资源

经过 20 世纪 70 年代“国际 10 年海洋勘探阶段”，人类已经对海洋矿物资源的种类、分布和储量，有了进一步的认识。

海洋是矿物资源的聚宝盆。聚宝盆，你一定想看看里面有什么宝贝吧，那就让我们一起去了解一下吧。

◆海洋资源开发

海洋克拉玛依——油气田

◆东海油气田

人类经济生活的现代化，对石油的需求日益增多。石油在当代能源中发挥着第一位的重要作用，但由于比较容易开采的陆地上的一些大油田，有的业已告罄，有的濒临枯竭，为此，近 30 年来世界上不少国家正在花大力气来发展海洋石油工业。

通过海底油田地质调查表明，世界石油资源储量为 10000 亿吨，可开采量约 3000 亿吨，其中海底储量为 1300 亿吨。

中国浅海大陆架近 200 万平方千米的海域，先后发现渤海、南黄海、东海、珠江口、北部湾、莺歌海以及台湾浅滩 7 个大型盆地，其中东海海底蕴藏量之丰富，堪与欧洲的北海油田相媲美。

永无终结的能源——锰结核

锰结核是一种海底稀有金属矿源，是 1973 年由英国海洋调查船首先在大西洋发现的，但是世界上对锰结核正式有组织的调查，始于 1958 年。

◆锰结核

调查表明，锰结核广泛分布于 4000～5000 米的深海底部，是未来可利用的最大的金属矿资源。令人感兴趣的是，锰结核是一种自生矿物，每年约以 1000 万吨的速率不断地增长着，是一种取之不尽、用之不竭的矿产。

世界上各大洋锰结核的总储藏量约为 3 万亿吨，其中包括锰 4000 亿吨，铜 88 亿吨，镍 164 亿吨，钴 48 亿吨，分别为陆地储藏量的几十倍乃至几千倍。以当今的消费水平估算，这些锰可供全世界用 33000 年，镍用 253000 年，钴用 21500 年，铜用 980 年。

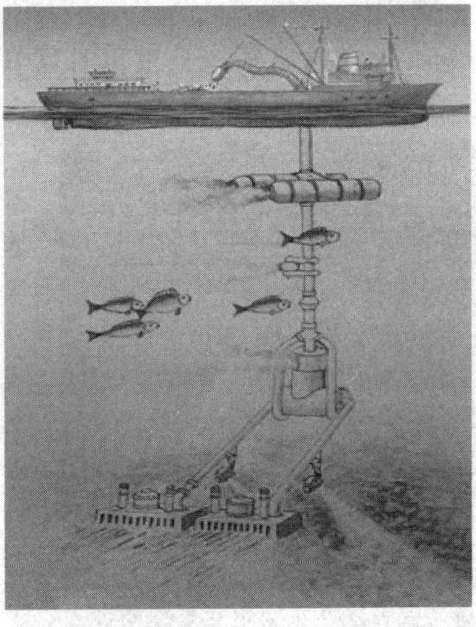

◆海底锰结核开采

目前，随着锰结核勘探调查的深入，技术日趋成熟，预计在 21 世纪，可以进入商业性开发阶段，正式形成深海采矿业。

海底金银库——热液矿藏

◆在大洋底获取的热液硫化物

热液矿藏又称“重金属泥”，是由海脊裂缝中喷出的高温熔岩，经海水冲洗、析出、堆积而成的，并能像植物一样，以每周几厘米的速度飞快地生长。它含有金、铜、锌等几十种稀贵金属，而且金、锌等金属品位非常高，所以又有“海底金银库”之称。饶有趣味的是，重金属五彩缤纷，有黑、白、黄、蓝、红等各种颜色。

虽然海底热液矿藏当前还不能立即进行开采，但却是一种具有潜在力的海底资源宝库，一旦能够进行工业性开采，将同海底石油、深海锰结核和海底砂矿一起，成为21世纪海底四大矿种。

好消息——中国首次在东太平洋发现两处海底热液活动区

◆我国首次在东太平洋发现两处海底热液活动区

2008年8月27日，远在东太平洋上执行第20航次科考任务的“大洋一号”传来好消息：科考船于8月23日、24日在东太平洋海隆赤道附近发现的两处海底热液活动区。

这是我国继2007年在西南印度洋首次发现新的海底热液活动区之后，第二次自主发现新的海底热液区，也是世界上首次在东太平洋海隆赤道附近发现海底热液活动区。

朗朗乾坤谁主沉浮

——生产者

大千世界芸芸众生中，谁是地球上命运的主宰者？朗朗乾坤谁主沉浮，我们一直在追问，一直在追寻……

为生物圈默默奉献了几十亿年有机物的，就是海洋中的藻类植物。她们美丽优雅，娴静端庄，用自己柔弱的身躯撑起了一片蔚蓝色的海洋。她们存在的意义在于付出，不在于索取，用有限的力量承载着无限的生机。

◆海洋生态系统

当家花旦
——海洋植物简介

在海洋这个大舞台上，“生旦净末丑”，各显身手，而海洋植物扮演着花旦角色，当家“花旦”海藻、红树，尤为各领风骚。欲知详情，跟随我们进入海洋剧场吧。

◆海藻

◆红树林

你知道吗？在辽阔而富饶的海洋里，除了生活着形形色色的动物之外，还有数量庞大、种类繁多、千姿百态的海洋植物。

藻类中有单细胞的金藻只有2～3微米，也有长达60多米的多细胞巨型褐藻。

海草小的要用显微镜放大几十倍、几百倍才能看见，虽然不断地被各种鱼虾所吞食，但其生长和繁殖速度也很惊人，一天能增加许多倍，数量仍然很庞大；大的有几十米甚至几百米长，紧贴海底，被波浪冲击得前后摇摆，但却顽强得很，不易被折断。

海洋中也有具有维管束和胚胎等体态构造复杂的乔木，如红树林。

绚丽多彩
——海洋植物的分类

◆红藻

“物以类聚，人以群分”，海洋植物也有其分类的标准．这些我们陆地上看不到或者不常见的植物该如何划分呢？那我们细看下面的内容吧。

海洋植物可以简单地分为两大类：低等的藻类植物和高等的种子植物，其中以藻类植物为主。

海洋植物的主体——藻类

藻类是含有叶绿素和其他辅助色素的低等自养型植物，植物体有单细胞、单细胞群体和多细胞三种。藻类没有真正的根、茎、叶的区别，整个植物就是一个简单的叶状体。海洋藻类介于光合细菌和高等植物——维管束植物之间，在生物的起源和进化上占有极为重要的地位。

◆羽毛藻

海藻是人类的一大自然财富，现在可用作食品的海洋藻类已有 100 多种。

海底森林——种子植物

◆广州南沙湿地公园

海洋种子植物的种类不多，都属于被子植物，没有裸子植物，分为红树植物和海草两类。它们和栖居的多种生物，组成沿岸生物群落。

海底森林就是世界稀有的树种红树林，高低参差不齐，落潮时从滩地露出，涨潮时被海水吞没，只有高一些的，微露梢头，随波飘摇，各种各样的鸟儿就在树梢歇脚，白鹭、苍鹭、黑尾鸥都是这里的常客，斑鸠、苦对还长年在较高的树杈上筑巢安家。红树的根部特别发达，盘根错节，绕来缠去，千姿百态，很有观赏价值。

藻菌共生体——海洋地衣

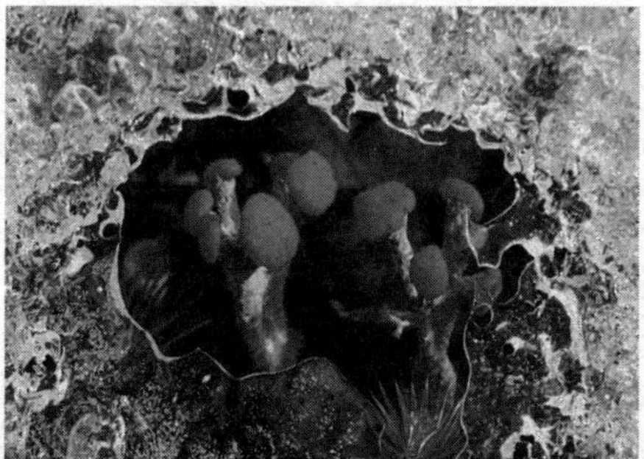
◆红果石蕊

海洋地衣的种类不多，见于潮汐带，尤其是潮上带；大西洋沿岸多于太平洋沿岸。

地衣是藻类与真菌共同生长在一起而形成的一种原植体植物。左图是一张非常漂亮的地衣图片，薄冰下面鲜艳的地衣叫红果石蕊，与我们一般常见的地衣不同：红果石蕊生有一些直立的分枝，在枝头上长着的红色部分叫子实体，红果石蕊生长在地面或死去的树木上。因为它们很漂亮，人们将其作为小型观赏植物养在家里。

我们熟悉的海带、紫菜和阴湿地方的某些青苔等属于藻类；蘑菇，木耳等则属于真菌。藻类通常是绿色的，而真菌的颜色却有很多，所以我们见到的地衣就有多种颜色。地衣的种类非常多，约有一两万种，遍布全世界，连自然条件最恶劣的极地也有存在，因此获得“先锋植物”的美名。

无可估量
——海洋植物的作用

◆一只鲜红的海藻蟹偎依在海藻叶子中

呼出一口气，二氧化碳分子就离开了你，进入到大气中。那么这些分子哪里去了呢？可能被路边的小草吸收了，也可能随着大气飘向了美国。而碳和氧又怎么进入了你的身体呢？

你想过这样的问题吗？物质在生物和环境之间循环，那么中间的衔接是谁呢？

◆海洋蔬菜

在海洋生态系统中，植物起着至关重要的作用。从物质和能量学角度讲，可以为海洋生物提供食物，对整个生态系统的能量流动起着举足轻重的作用；从微环境调节方面讲，可以调节海水中氧气含量、温度，同时也可作为某些生物的天然掩避物。

海洋植物是海洋世界的“肥沃草原”，不仅是海洋中鱼、虾、蟹、贝、海兽等动物的天然“牧场”，而且也是人类的绿色食品和海洋药物的重要原料。例如：褐藻，是海洋中特有的藻类，其特点就是体型巨大。其中的海带是中国人民喜欢食用的海产品，不但海味十足，而且营养丰富，含有碘等多种矿物质和多种维生素，能够预防和治疗甲状腺（俗称大脖子）病。具有食用和药用价值的海藻中还有紫菜、裙带菜、石花菜等。中国和日本等东方国家的人民，食用海藻和以海藻入药的历史非常久远。

另外，海洋植物不仅是用途宽广的工业原料，农业肥料的提供者，而且有些海藻，如巨藻还可作为能源的替代品。

拓展思考

1. 海洋中有哪些植物，分别是什么？
2. 海洋藻类有哪些？请上网查询。
3. 海洋中的被子植物有哪些？
4. 地衣是一种生物吗？它为什么会有“先锋植物”之称？
5. 海洋植物有什么作用？

丰衣足食
——特殊生产者：自养细菌

◆矿石、藻类和蓝细菌让美国内华达州黑岩沙漠上的这个间歇泉呈现如此灿烂的颜色

有了阳光才有生命，这是我们的共识。可是在深海，漆黑一片，伸手不见五指，却还生活着各种生物。它们是靠什么生活的呢？

除了地球，生命还可能在哪里存在呢？火星或者土星，或者其他星球？通过深海，人类似乎找到了一条寻找自己起源、探询未来去向的路径。深海，还有多少秘密在其中呢？

自养型细菌以简单的无机物为原料，如利用二氧化碳作为碳源，利用氮气、氨、亚硝酸根离子、硝酸根离子等作为氮源，合成有机物。这类细菌中有的通过光合作用获得能量，称为光能自养菌；或有的通过氧化无机物获得能量，称为化能自养菌。

光能自养菌

光合细菌是地球上出现最早、自然界中普遍存在的原核生物。

光能自养菌是一类没有形成芽孢能力的革兰氏阴性菌，以光能作为能源、能在厌氧光照或好氧黑暗条件下利用自然界中的无机物、硫化物、氨等作为供氢体兼碳源进行光合作用的微生物。

根据所含光合色素和电子供体的不同，可将光合细菌分为：产氧光合细菌如蓝细菌，不产氧光合细菌如紫色细菌。

冲锋在前的蓝细菌

这是一类含有叶绿素 α、以水作为供氢体和电子供体、通过光合作用将光能转变成化学能、把二氧化碳合成有机物的光合细菌。

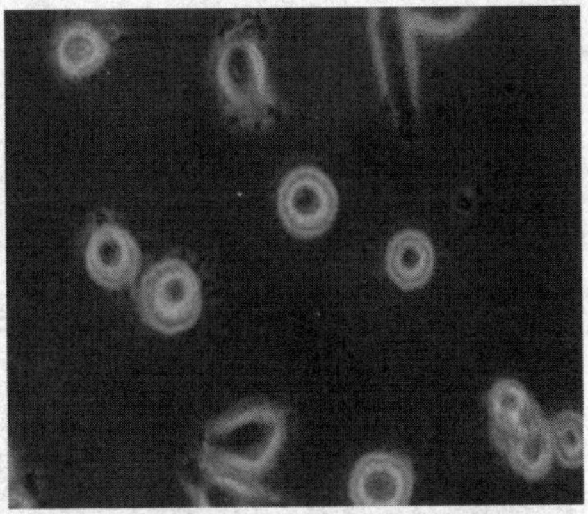
◆革兰氏阴性菌（洋葱伯克霍德尔菌）

蓝细菌进行光合作用的部位是含有叶绿素 α、β—胡萝卜素、类胡萝卜素、藻胆素的类囊体。它们是地球上生命进化过程中第一个产氧的光合生物，对地球上从无氧到有氧的转变、从原核生物到真核生物的进化起着里程碑式的作用。

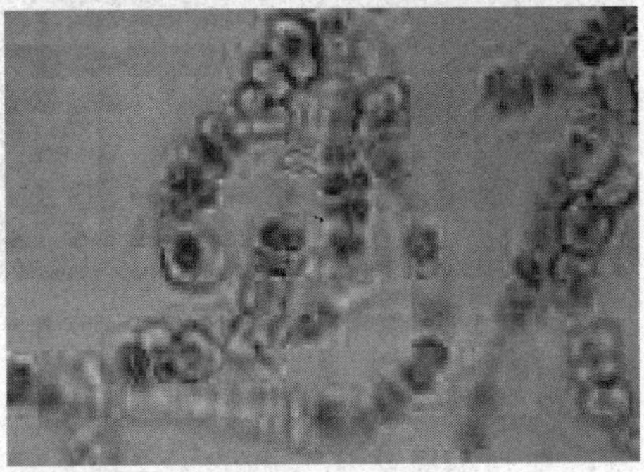
◆显微镜下的蓝细菌

浪漫色彩的紫色细菌

这是一群含有叶绿素和类胡萝卜素、能进行光合作用、以硫化物或硫酸盐作为电子供体、沉积硫的光能自养型细菌。

因为体内含有不同类型的类胡萝卜素，细胞培养液呈紫色、红色、橙褐色、黄褐色，故称为紫色细菌。

知识窗

红螺菌

红螺菌生活在湖泊、池塘的淤泥中，是一种典型的兼性营养型细菌。

红螺菌在不同环境条件下生长时，其营养类型会发生改变。在没有有机物的条件下，它可以利用光能，固定二氧化碳，合成有机物；在有有机物的条件下，它又可以利用有机物进行生长。

根据它的特点，目前在环保工作中已经开始运用红螺菌来净化高浓度的有机废水，以达到保护环境、消除污染的目的。

红螺菌属、红假单胞菌属和红微菌属，曾被认为不能利用硫化物作为电子供体来还原二氧化碳构成细胞物质，所以一直称它们为非硫紫色细菌。后来发现，这些细菌的大多数是可以利用低浓度硫化物的，现归为紫色硫细菌。

化能自养菌

◆“玫瑰”花丛中的小螃蟹看上去洁白无暇

化能合成细菌是一类依靠化能合成作用来生存的细菌，以二氧化碳为碳源，以无机含氮化合物为氮源，合成细胞物质，并通过氧化外界无机物获得生长所需要的能量。

例如硝化细菌，利用氨和亚硝酸氧化所释放的能量来合成有机物；硫细菌能够氧化硫化氢，把硫积累在体内，如果环境中缺少硫化氢，这类细菌就把体内的硫氧化成硫酸；铁细菌是能够氧化硫酸亚铁，并利用氧化释放的能量合成有机物；还有能够利用分子态氢和氧之间的反应所产生的能量，并以碳酸作为碳源而生长的氢细菌等。

在海水下数千米有个被阳光“遗忘”的角落，大多数深海生物仍能生存，主要就是依靠一条延伸至深海的“阳光食物链”顽强地生存着。

奇闻趣谈——深海玫瑰

1977 年，阿尔文在加拉帕戈斯第一次看到的美丽“玫瑰”，就是现在已经成为海底热液生态系统典型代表的管状蠕虫。管状蠕虫有性别，有心脏，但没有嘴和消化系统，那么它是怎么生存的呢？

在管状蠕虫的体内聚集着数以亿万计的共生菌，就是氧化硫化物的细菌，正是在它们的“供养”下，管状蠕虫才得以生存。管状蠕虫的底部处于 20℃ 左右

◆大西洋热液口的红色虾

◆深海玫瑰—管状蠕虫

的热液附近，上部处在 2℃的海水中，身体跨越十几度的温度梯度，这是极为罕见的。

更令人惊奇的是，管状蠕虫的头部呈美丽的鲜红色，是因为有着和哺乳动物一样鲜红的血液，并充满铁质血红蛋白；另外海底热液除了高温高压，还充满着氢气和硫化氢气体，硫化物对于生物来讲是剧毒的，而管状蠕虫的血红蛋白，能直接把硫化氢运往细菌寄生的器官，避免了管状蠕虫的中毒。

热液生态系统的生物多样性比较低，特有种占优势，然而每一个种群的密度都很大，比如出现在大西洋洋中脊热液附近的一种红色小虾，每平方米差不多有 1500 只。

拓展思考

1. 地球除了植物可以自己养活自己外，还有哪些生物也可以呢？
2. 自养型微生物有哪些？举例说明。
3. 你身边有蓝藻爆发的例子吗？对你的生活有什么影响？

敢死先锋队
——生产者之二：藻类植物

◆海藻

藻类植物是海洋的军队，千军万马，各色军服，占领领地，保卫疆土。它们虽然没有特别出众的外表，却也是红黄白绿黑，别有一番风情，也是美得让人惊叹的“娘子军们”！

海藻的生物学特征

藻类植物是具有叶绿素、过着自养生活、无胚的叶状体海洋孢子植物，简称海藻。

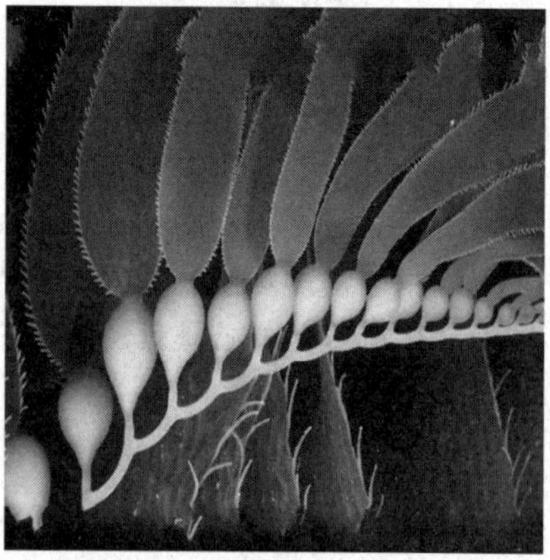

◆藻类植物

海藻大小悬殊，形态各异，有单细胞、群体和多细胞各种形态。藻体的大小从几毫米到几米，最大的长达60米以上；单细胞海藻的个体微小，要借助显微镜才能看到；群体海藻由单细胞个体群集而成。形态上有丝状体、叶状体、囊状体和皮壳状体等，有些海藻如马尾藻等的外形虽然有类似根茎叶的形态，但不具备高等植物那样的内部构造和功能。

海藻之所以是自养型生物，因为含

有色素，主要有 4 类：叶绿素、胡萝卜素、叶黄素和藻胆素。

种族繁衍

与高等植物相比，虽然海藻的形态构造比较简单，但是在生殖上却极为多样，既有无性生殖，也有有性生殖。

无性生殖方式有：①单细胞藻体的分裂；②多细胞藻体的断裂分离；③特殊细胞繁殖体的分裂；④无性生殖孢子的有丝分裂。

有性生殖方式有两类：一类是配子结合。由两个配子在配子囊内融合成一个合子。另一类是配子一配囊融合，由配子囊和一个配子融合。受精是借助于雌配子囊管外生长的受精丝进行，雄配子接触受精丝，经过原生质融合后，其核通过受精丝移入雌配子囊中。

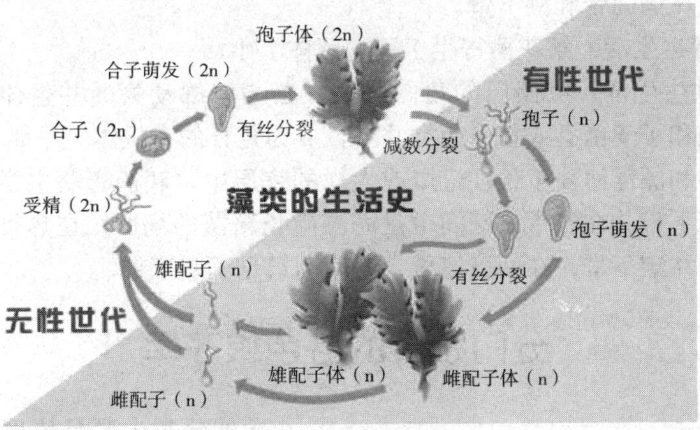

◆藻类的生活史

海藻的生态类型

根据生活方式可将海藻分成 5 种：

1. 浮游生活：这是单细胞和群体的甲藻、黄藻等门的多数藻类的生活方式。

2. 漂浮生活：漂浮马尾藻，藻体全无固着器，过着漂浮生活，在大西洋上形成大型的漂流藻区，成为闻名的“马尾藻海”。

◆海黍子

◆地衣

3. 底栖生活：石莼、海带、紫菜，基部有固着器，过着底栖的生活，主要生长在潮间带和潮下带。

4. 寄生生活：菜花藻寄生于别的藻体上生活。

5. 共生生活：红藻门的角网藻是红藻与海绵动物的共生体；一些蓝藻、绿藻和子囊菌类或担子菌类共生，成为复合的有机体——地衣。

浮游和漂浮海藻生长在近岸或大洋的表层中，底栖海藻主要生长在潮间带和潮下带。在温带，潮间带是海藻生长繁茂的场所；在热带，许多海藻都生长在潮下带；在两极海域，海藻则只见于潮下带。

分门别类的各色娘子军

◆江苏太湖湖面尽是绿油油的蓝藻随波荡漾

海藻的分类主要是依据其所含的光合色素，可分为10门，依次是红藻门、甲藻门、黄藻门、金藻门、硅藻门、褐藻门、绿藻门、裸藻门、轮藻门和蓝藻门，都有海生种类。

它们过着浮游、底栖、共生和寄生的生活方式。其中蓝藻是海洋部队中的先遣队，是占领新领地的先行者，分布的范围很广，从极地到赤道海岸均有分布。

常见的海藻

◆角叉菜

角叉菜：藻体紫红色，顶端常绿色，扁平革质，丛生，数次叉状分枝，整体近似扇形，囊果椭圆，一面突起，一面凹陷。生于潮带岩石上。可供食用和制胶。

条斑紫菜：紫菜、乌菜。属红藻门、原红藻纲、红毛菜科、紫菜属。紫菜也分叶、叶柄和团着器三部分，不同种类的叶片形状、大小不同。紫菜的种类颇多，我国的福建、浙南沿海多养殖坛紫菜，北方则以养殖条斑紫菜为主。

◆条斑紫菜

◆海带

裙带菜：叶片作羽状裂，也很像裙带，故得名。裙带菜的孢子体黄褐色，外

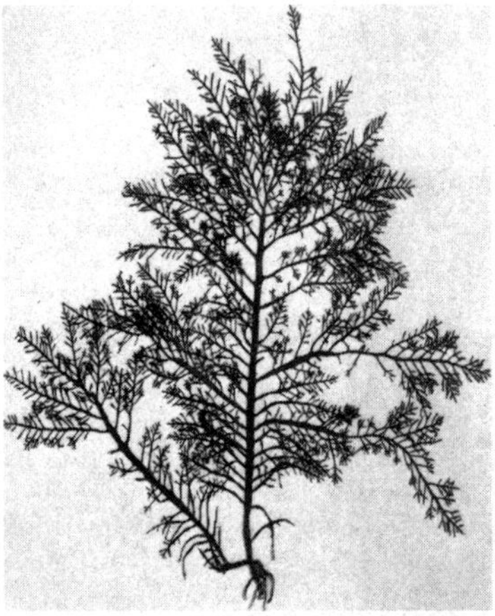

◆石花菜

形很像破的芭蕉叶扇，高 1～2 米，宽 50～100 厘米，明显地分化为固着器、柄及叶片三部分。固着器为叉状分枝的假根，末端略粗大，固着在岩礁上；柄稍长，扁圆形，中间略隆起；叶片的中部有柄部伸长而来的中肋，两侧形成羽状裂片。裙带菜为温带性海藻，能忍受较高的水温。我国自然生长的裙带菜主要分布在浙江省的舟山群岛及嵊泗岛。

海带：别称昆布、海带菜、江白菜。藻体褐色，长带状，革质，一般长 2～6 米，宽20～30 厘米。藻体明显地区分为固着器、柄部和叶片。固着器呈假根状，柄部粗短圆柱形，柄上部为宽大长带状的叶片。在叶片的中央有两条平行的浅沟，中间为中带部，厚 2～5 毫米，中带部两缘较薄有波状皱褶。我国辽宁、山东、江苏、浙江、福建及广东省北部沿海均有养殖，野生海带在低潮线下 2～3 米深度岩石上均有。

石花菜：又名海冻菜、红丝、凤尾等，是红藻的一种。通体透明，犹如胶冻，口感爽利脆嫩，既可作凉拌菜，又能制成凉粉。石花菜还是提炼琼脂的主要原料，琼脂又叫洋菜、洋粉、石花胶，是一种重要的植物胶，属于纤维类的食物，可溶于热水中，用来制作冷食、果冻或微生物的培养基。

拓展思考

1. 藻类属于自养型生物，是因为体内含有什么色素？
2. 根据生活方式可将藻类分为哪些类型？
3. 藻类分类的主要依据是什么，可分为哪些门？

碧海绿洲哪般红
——生产者之三：红树林

◆红树植物开花了

碧海蓝天下有这样一种林带——红树林，是一种热带、南亚热带特有的海岸带植物群落，因主要由红树科的植物组成而得名。

红树，我们会以为那是蔚蓝色中的一点红，其实非也。红树林也是绿意葱葱，生机盎然的。当潮退后，更是一片绿油油的“海上林地”，也有人称之为碧海绿洲。让我们去寻觅那片绿洲吧。

天然海岸卫士——红树林

◆红树林生态系统

红树植物是生长在热带海洋潮间带的木本植物，对调节热带气候和防止海岸侵蚀起了重要作用。主要由红树植物如红树、秋茄树、红茄苳、海莲和木榄等构成的树林，就叫作红树林。其分布在热带地区的隐蔽海岸，常在有海水渗透的河口、泻湖或有泥沙覆盖的珊瑚礁上，是陆地向海洋过渡的特殊生态系统。

◆红树植物

红树林包括三类植物，其中的优势种是红树植物：总是在红树林中海滩上生长并经常会受到潮汐浸润的潮间带上的木本植物，包括厥类植物卤厥；其次是半红树植物：只有在洪潮时才受到潮水浸润而呈陆、海都可生长发育的两栖类植物；还有一类是伴生植物：生长在红树林区经常受潮汐浸润的非木本植物，如一些棕榈植物和藤本植物。

神奇的生态适应性

奇妙的胎生

这是红树林最奇妙的特征。

很多红树植物的种子还没有离开母体的时候，就已经在果实中开始萌发，长成棒状的胚轴，发育到一定程度，有了“自立”的能力后，会依依不舍地告别母树，“跳”落到海滩的淤泥中，几小时后就能在淤泥中扎根生长而成为新的植株。还有一些胚轴未能及时扎根找到落脚的地方，则可随着海流在大海上漂流，任由海浪带着它漂泊异乡，直到数个月后遇到合

◆胎生现象

◆人工种植的佛手瓜

适的环境，便在几千里外的海岸扎根生长，舒舒服服地生活下去。

你知道吗？

猪、牛、马、兔等哺乳动物以及人类是依靠怀胎来繁殖后代的，这就是我们说的胎生。

你知道吗，植物竟然也会有“胎生”的？除了红树以外，还有哪些植物也可以“胎生”呢？有这些：纤毛隐棒花、红海榄、红茄冬、秋茄树、桐花树、佛手瓜和胎生早熟禾等植物。

引人注目的根系

红树林最引人注目的另外一个特征就是密集而发达的支柱根。

◆退潮后红树植物的树干和根系裸露出来

很多支柱根从树干的基部长出，牢牢扎入淤泥中形成稳固的支架，可以使红树林在海浪的冲击下屹立不动。由于红树林经常处于被潮水淹没的状态，空气非常缺乏，因此许多红树林植物都具有呼吸根，呼吸根外表有粗大的皮孔，内有海绵状的通气组织，满足了红树林植物对空气的需求。每到退潮的时候，各种各样的支柱根和呼吸根露出地面，纵横交错，使人难以通行。红树林的特殊根系不仅支持着植物本身，也保护了海岸免受风浪的侵蚀，因此红树林又被称为“海岸卫士”。

独特的泌盐现象

热带海滩由于阳光强烈，土壤富含盐分，红树林植物就具有了盐生和适应生理干旱的形态结构，即具有可排出多余盐分的分泌腺体，而叶片则为光亮的革质，利于反射阳光，减少水分蒸发。

红树林的保护工作

◆红树植物种源基地

红树林区不仅是候鸟的越冬场所和迁徙中转站，各种海鸟的觅食栖息和生产繁殖的场所，更重要的是具有防风消浪、促淤保滩、固岸护堤、净化海水和空气的功能。

红树林是我国保护物种，近10多年来，先后建立了红树林保护区共15个，其中国家级3个、省级4个、县级8个，并制定了相应的保护法律法规。然而，红树林并没受到有效的保护。近40年来，特别是最近10多年来，由于围海造地、围海养殖、砍伐等人为因素，红树林面积由40年前的4.2万公顷减少到1.46万公顷，不及世界红树林面积1700万公顷的千分之一。

海啸时有发生，给世人敲响警钟，我们必须吸取教训，提高防灾意识，除加强沿海地区的防波堤建设外，应尽快恢复沿海的红树林。

拓展思考

1. 你知道红树林是由哪些植物构成的？
2. 你知道植物也有胎生现象吗？请举例说明。
3. 红树林具有什么生态效益？

天下兄弟姐妹我最多

——消费者

生命起源于海洋，故海洋中的物种数量十分繁多。这个家族的兄弟姐妹或有古老的化石海百合，或有小到肉眼看不到的微生物，或有重量级的鲸鱼，或有智叟之称的海豚，或有漂亮外衣的水母，或有张牙舞爪的乌贼，或有奇形怪状的贝类，或有各种奇妙的鱼儿……

虽然兄弟姐妹众多，但是它们都能和平共处，在共荣中发挥着各自的作用，把海洋这个水底龙宫装扮得异常美丽华贵。

虽然兄弟姐妹众多，但是它们都能齐心协力，在发展中各尽其能，把海洋这个家族延续得繁荣昌盛。

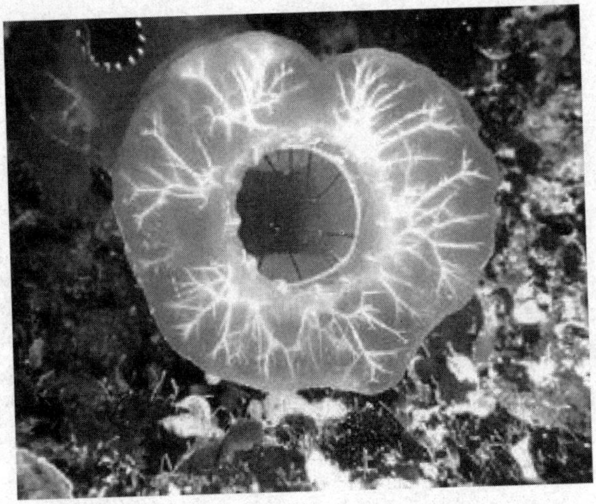

◆海洋动物

神气十足
——海洋动物简介

你认识多少种海洋动物呢？在那片蔚蓝色的大海深处到底生活了多少精灵古怪的生灵呢？

海洋动物现知有 21 万种，它们形态多样，包括微观的单细胞原生动物，高等哺乳动物如蓝鲸等；分布广泛，从赤道到两极海域，从海面到海底深处，从海岸到超深渊的海沟底，都有其代表。

◆海洋鱼类

繁星多多的海洋动物

◆珊瑚

海洋动物是指海洋中形态结构和生理特点不同的异养型生物的总称。它们不能进行光合作用，不能将无机物合成有机物，只能以摄食植物、微生物和其他动物或者有机碎屑物质为生。

由于海洋的生活条件相对一致，面积广大，动物中除鱼类、鲸类，还有各种浮游动物和游泳动物，如头足类和水母等。

在大洋区，海流将营养丰富的深层海水带到浅层，使海洋浅层带增加了鱼类产量。而在海底生活的底栖动物，包括固着动物，如海绵、腔肠动物、管沙蚕等；运动动物，如甲壳类、贻贝、各种环节动物、棘皮动物等。珊瑚动物在热带海洋发展最充分，在珊瑚礁环境中动物最密集且最多样化。

海洋动物的划分

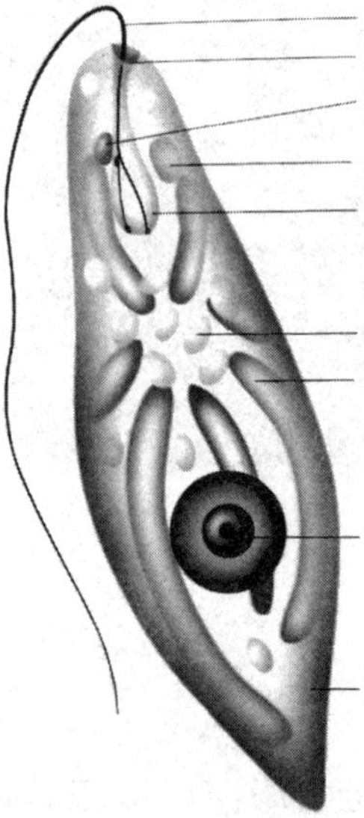

◆绿眼虫

1. 按生活方式划分

主要有海洋浮游动物、海洋游泳动物和海洋底栖动物三个生态类型。

海洋浮游动物：种类繁多，结构复杂，包括无脊椎动物的大部分门类，如原生动物、腔肠动物、轮虫动物、甲壳动物、腹足类软体动物、毛颚动物、低等脊索动物，以及各类动物的浮性卵和浮游幼体等。其中以甲壳动物，尤其是桡足类最为重要。

海洋游泳动物：数量极大，种类繁多，形态各异，千姿百态，除了鱼类之外，还包括软体动物的头足类，海洋爬行类中的海龟，海洋哺乳动物的鲸、海豚、海豹、海狮、海牛等，可谓琳琅满目，不计其数。在烟波浩淼的海洋中，无论从清澈碧蓝的赤道水域，还是到冰山巍然的两极海区，都能见到。

◆墨鱼

海洋底栖动物：生活在深邃的海洋底部，一般是浅海海底数量大，深海海底数量少。活动能力强的动物分布范围广，如虾、蟹、墨鱼等，在浅海大陆架地区为数众多，常常成为渔业捕捞的对象。底栖动物的分布往往受海流、地理和水文条件的影响，有比较大的差异，如我国南海底栖动物完全为暖水性以及热带性的种类，许多种类不能在黄海或东海找到；而在渤海，有不少冷水性的北温带底栖动物种类，南海则无法见到。

◆水母

2. 按分类系统划分

海洋动物共有几十个门类，可分为海洋无脊椎动物和海洋脊椎动物两大类。

（1）海洋无脊椎动物的种数、门数最为繁多，占海洋动物的绝大部分。

海洋无脊椎动物因海水浮力大，产生了不同于陆生动物的支撑结构：有受限于吸附力、表面张力而体型较小的生物；有充满中胶层，如漂浮的大型水母；有的具砂质为主，如大海绵高 1 米；有具几丁质为主的外骨骼支撑大型个体，如虾、蟹；有的以碳酸钙为主，营造出美丽但笨重的壳，如贝、螺；也有的细胞包围在外的内骨骼，如海胆的是碳酸钙，海豆芽的是磷酸钙。

这些多样化的支撑系统不仅增大了生物个体的体积，而且供肌肉附生而得以运动，使得海洋中的无脊椎动物有了各种各样的生活类型。

小资料：生命起源于海洋

人类根据各动物门结构之简繁，胚胎发育过程中的卵割形式，囊胚孔是否发育成个体的口（原口类）或另外形成口（后口类）及体控形成的方式，将后生动物分为后口类，如脊索动物、棘皮、尾索（海鞘）、头索（文昌鱼）动物等；原口类如环节、软件、节肢动物等。

早在寒武纪诸多高阶分类单元如门、纲的代表种就已同时出现，但后来有很多类别灭绝，仅留下化石或少数的活化石种，例如鹦鹉螺、鲎、海豆芽等等，有的绵延子孙，分成许多品种。就现生动物门而论，可分为 30 多门，其中自由生活栖息在海洋的有 8 门之多，又有 14 门动物只分布于海洋；分布于淡水的有 14

门，但没有整个门的动物都只产于淡水；陆地产的则只有10门，其中有一门动物只产于陆地，可见海洋为生命之母。

此外，海洋无脊椎动物诸门中，有许多动物门的种类很少，而且形态又特异，这些物种本身就是演化天择的成果。

◆追逐鱼群的海鸟

（2）海洋脊椎动物包括海洋鱼类、爬行类、鸟类和哺乳类。

海洋鱼类有圆口纲、软骨鱼纲和硬骨鱼纲。

海洋爬行类动物有棱皮龟科，如棱皮龟；海龟科，如蠵龟和玳瑁；海蛇科，如青环海蛇和青灰海蛇等。

海洋鸟类的种类不多，仅占世界鸟类种数的0.02%，如信天翁、鹱、海燕、鲣鸟、军舰鸟和海雀等都是人们熟知的典型海洋鸟类。分布于中国的海洋鸟类约有20多种，一部分为留鸟，大部分为候鸟。中国常见的海洋鸟类有：鹱形目的白额鹱和黑叉尾海燕等，鹈形目的褐鲣鸟和红脚鲣鸟，雨燕科的金丝燕和短嘴金丝燕等。

轶闻趣事——海鸥为什么喜欢追着轮船飞

轮船在海上航行时，由于受到空气和海水阻力，在轮船上空会产生一股上升的气流，海鸥尾随在轮船的后面或上空，借助这股向上的气流毫不费力地飞翔。另外，在浩瀚的大海中，小鱼、小虾之类被破浪前行的轮船激起的浪花打得晕头转向，漂浮在水面上，很快就会被视力极强的海鸥发现，轻而易举地把它们吃掉。

这种“守株待兔”的觅食方式，就是海鸥的明智之举，也是它们喜欢追着轮船飞的原因。

海洋哺乳类动物包括鲸目、鳍脚目和海牛目等。

晶莹剔透
——腔肠动物

海洋生物千奇百怪，透明飘逸的水母，在海洋中婀娜多姿地飘荡，引人入胜。2006 年 4 月 10 日，香港海洋公园新建成的大型水母馆正式开放。水母馆占地约 500 平方米，设有 8 个大型展区，共展示 10 个品种、超过 1000 只来自世界各地形态各异的水母。

◆香港海洋公园自日本引进“月水母”

你是否知道水母属于哪种海洋动物呢？让我们一起来目睹这些晶莹剔透的海洋动物，开始一场水母馆之旅吧。

轻盈的腔肠动物

腔肠动物大约有 1 万种，有几种生活在淡水中，但多数生活在海水中。这类水生动物身体中央生有空囊，因此整个动物有的呈钟形，有的呈伞形。

腔肠动物分为有刺胞类如水螅纲、钵水母纲、珊瑚纲，触手上生有成组的被称为刺丝囊的刺细胞；无刺胞类如栉板类、栉水母类两个亚门，完全不具水螅型。也可把两者各作为独立的门，即有刺胞动物门和有栉板动物门。

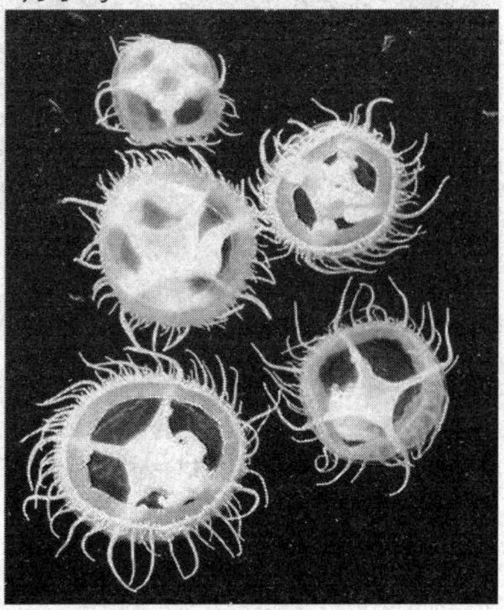
◆五个生殖腺的桃花水母

海洋生态揭秘

奇特的构造

◆腔肠动物

◆水母

1. 辐射对称

腔肠动物的身体呈辐射对称，通过身体的中轴有许多切面将身体分成对称的两半，只有口面和反口面之分。

2. 两胚层及原始的消化腔

腔肠动物是开始具有真正的内外两胚层的动物。体内的原肠腔有细胞外消化的机能，残渣由口排出，所以又称为消化循环腔，或称腔肠，腔肠动物由此而得名。

3. 细胞和组织分化

腔肠动物的细胞已分化出皮肌细胞、腺细胞、间细胞、刺细胞、感觉细胞等。皮肌细胞是内外胚层中的主要细胞，可执行上皮与肌肉的生理机能，故称皮肌细胞，这也表明腔肠动物开始有了原始的上皮与肌肉组织。

4. 网状神经系统

神经细胞彼此以神经突起相联构成网状，所以称为网状神经系统。虽然能对外界的各种刺激产生有效的反应，但没有神经中枢。神经传导一般没有固定的方向，因此称为分散性神经系统。

5. 具有水螅型、水母型两种基本形态

水螅型过着固着生活，体呈圆筒状，固着端称基盘，另一端为摄食的口，周围有触手，中胶层薄。珊瑚纲的水螅型，体壁的外胚层可分泌石灰质的外骨骼。

◆珊瑚中生活的鱼类

水母型过着漂浮生活，体呈圆盘状，凸出的一面称外伞，凹入的一面称下伞，其中央悬挂着一条垂管，管的末端是口，由口通入消化循环腔和分枝状的辐管，并一直通到伞的边缘连接环管，伞的边缘有触手和感觉器官。

知识窗

心理学认为，最开始出现感觉的动物是腔肠动物，具有网状神经系统的腔肠动物以简单的感觉对外界刺激作出反应。有人从心理产生和发展的历程认为，由于腔肠动物有了感觉，它就具有了最简单、最低级的心理现象，心理在腔肠动物身上诞生了。心理进化史是动物进化史的附着物，并随着动物的进化而进化的。

美丽的腔肠动物

水螅纲

本纲种类很多，多数生活在海水中，少数生活在淡水。有固着的水螅型，结构简单，只有简单的消化循环腔；自由游泳的水母型，有缘膜，触手基部有平衡囊，生殖腺由外胚层形成，生活史中有世代交替现象。

常见的有：水螅、薮枝螅、桃花水母等。

水螅　生活在水质洁净的池塘或小溪流中，附着在水草、落叶或水底岩石上。

水螅身体呈圆柱状，一端附着在其他物体上称为基盘，游离一端有圆

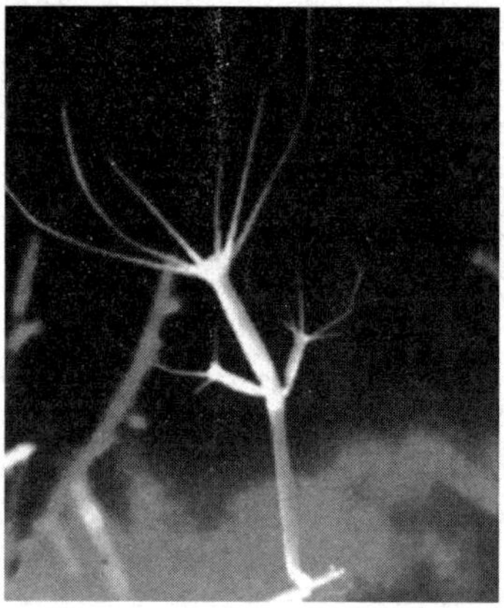

◆水螅

◆薮枝螅

锥状的突起，称垂唇，中央有口，周围有辐射状排列的触手 6～12 条，是捕食器官。水螅的体壁由外胚层、内胚层和中胶层三个胚层组成。

薮枝螅　分布于浅海区，以树枝状的群体固着生活。

群体基部生有许多葡萄状的分枝，称螅根；螅根上生出直立向上延伸的部分，称螅茎；向两侧相互长出分枝，称螅枝。螅枝的顶端生出水螅体或生殖体。群体的周围生着一层透明的外骨骼，称围鞘，是由外胚层分泌所成。围鞘之内为共肉，由外胚层、中胶层与内胚层构成，中间的空腔称共肉腔。共肉是群体的共同组织，与水螅体、生殖体相连接。

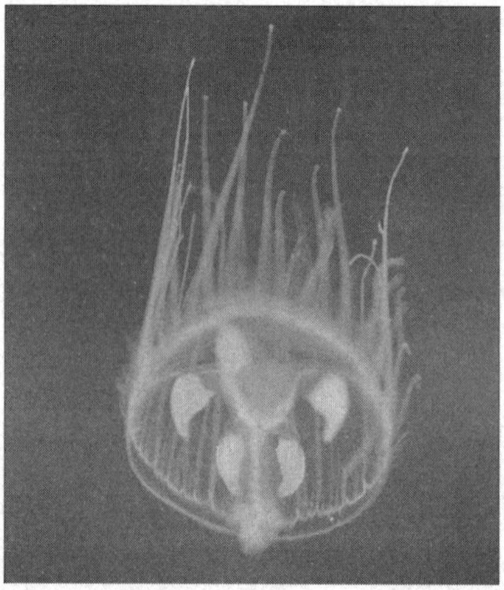

◆五个生殖腺的桃花水母

桃花水母　生殖腺呈红色，常发生在桃花盛开的季节，在水中漂游时，白水夹着红色，酷似桃花，故称桃花水母。

在我国四川嘉陵江及长江沿岸各湖泊中发现有大量的桃花水母，呈圆伞形，又被称为“降落伞鱼”。桃花水母体直径约 1～2 厘米，伞中央有一条长的垂管，末端为口，内通消化循环腔；每一条辐管下面由外胚层形成红色的生

殖腺，雌雄异体；伞的边缘上有很多触手，伸缩性强，其中4条很长，有感觉作用。

钵水母纲

本纲也叫水母纲（真水母纲），全部是生活在海洋中，水母型极发达，感觉器官为触手

囊，无缘膜；水螅型退化成没有感觉器官，生殖腺起源于内胚层。

常见的有：海月水母，海蜇等。

海月水母 每年的四五月至七八月成群出现在我国北方近海海面及沿岸地带。

其体型呈扁圆的伞状，有4条口腕在水中飘荡，酷似旗帜，因此又称“旗口水母”；同时，由于其呈白色半透明，盘状，恰似水中的月亮，所以也有“海月水母”之名。

这种水母数量极多而且容易获得，常作为实验材料。

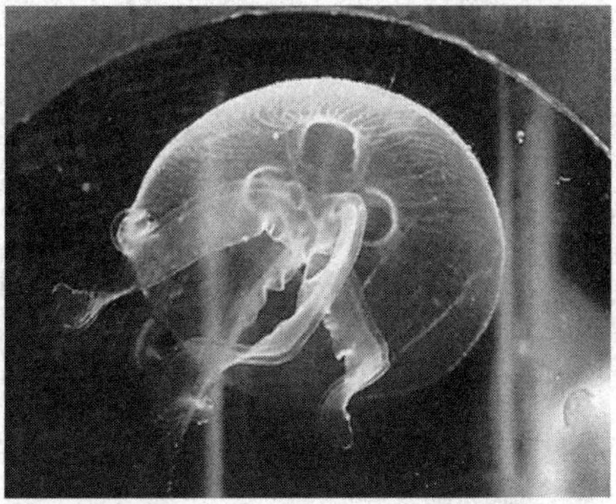

◆海月水母

海蜇 伞体高而厚，呈淡蓝色的半球形，中胶层很厚，游泳能力很强。伞的边缘没有触手，但是有8个缺刻，内有感觉器官——触手囊。

海蜇幼体是中央口及4条口腕，但是在成长过程中逐渐封闭了中央口，各口腕又分支生成了8个三翼状的口腕，边缘愈合成许多吸口，周围有许多触手，帮助捕捉食物。

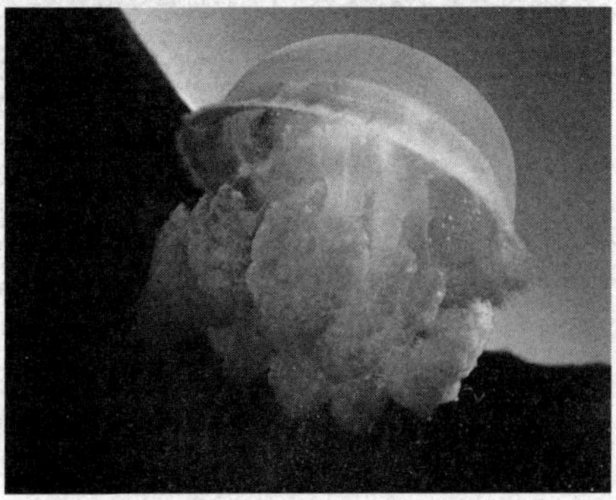

◆鲜海蜇

食物由海蜇的吸口、经口腕中分支的小管到达胃腔进行消化，这种方式就像植物的根吸收养料，因此也将海蜇称为“根口水母”。

小贴士——海蜇的妙用

海蜇体内含有丰富的蛋白质、维生素及各种无机盐。海蜇的伞部可加工成海蜇皮，口腕部分加工成海蜇头，如海蜇和黄斑海蜇等，是广大人民喜爱的海味品。海蜇也可供药用，有消炎化痰、散瘀降压的功效。

人们还发现，在台风来临之前，海蜇即已离开沿岸，游向深海，躲避强风巨浪的袭击。经研究，水母感觉器官中的平衡石能感觉出人耳听不到的次声波。人们仿照海蜇的感觉器官，制造出一种水中测声仪，可提前15个小时测出台风来临的预兆。

珊瑚纲

本纲全部生活在海洋中，只有水螅型，没有水母型。外胚层下陷形成口道，两侧有一纤毛的口道沟，呈左右辐射对称。消化循环腔中有内腔层形成的隔膜，其数目有8个、6个或6的倍数。生殖腺由内胚层形成，中胶层内有发达的结缔组织。多数种类具有石灰质的外骨骼。常见的有：海葵、珊瑚等。

◆海葵

海葵 固着在湖间带的岩石上，或穴居在沙石中。体型呈长筒，没有骨骼，肌肉发达，有很多隔膜和触指，总数为6的倍数，触指充分伸展时呈菊花状。

珊瑚 种类很多，常见的有鹿角珊瑚、石芝等。它们的骨骼除了可制成珍贵的工艺品外，骨骼与泥沙的沉积还可形成珊瑚礁，如我国的西沙、中沙、南沙群岛等。

骨骼的堆积，在地层中形成石灰岩，为地质学、考古学及矿床的研究和利用提供了材料，但珊瑚常形成暗礁，对航海带来危害。

链 接

美丽的珊瑚

珊瑚是珊瑚虫分泌出的外壳，化学成分主要为碳酸钙，以微晶方解石集合体形式存在，成分中还有一定数量的有机质。

珊瑚形态多呈树枝状，上面有纵条纹。每个单体珊瑚横断面有同心圆状和放射状条纹，颜色通常呈白色，也有少量呈蓝色和黑色。

拓展思考

1. 腔肠动物都有哪些？
2. 你能说出多少种水母和珊瑚的名称？
3. 我们为什么要保护珊瑚礁？

五花八门
——棘皮动物

初听“棘皮”这个词，似乎让人有点毛骨悚然，起一身鸡皮疙瘩！

其实它们是一群非常可爱的精灵，极有创造力，把自己装扮得五颜六色，并且造型各异，尤其擅长五角星哦。

◆海星

爱秀的棘皮动物

◆如花娇艳的海百合

棘皮动物广泛分布于各海洋，从潮间带到最深的海沟，现存的种类包括海百合纲如海百合、海羊齿；海星纲如海盘车、海燕；蛇尾纲如阳遂足、刺蛇尾；海胆纲如海胆和海参纲如海参，有 6000 多种，化石种约 13000 种。

棘皮动物形状、大小和颜色很不同，它们外皮坚硬多刺，多为五辐射对称，骨骼由无数碳酸钙骨片组成呈鲜艳的红、橙、绿和紫色。体腔形成水管系充满液体，向体表伸出像触手样的构造，有运动、取食、呼吸和感受刺激的作用。

棘皮动物的特征

棘皮动物的特征如下所述：

1. 身体多为五辐对称；
2. 次生体腔发达；
3. 体壁由上皮和真皮组成；
4. 有独特的水管系和管足；
5. 运动迟缓，神经和感官不发达；
6. 全部生活在海洋中。

◆海胆

顽强的生命力

棘皮动物再生能力非常强。

海星只要体盘连着一条腕，就能长成新个体；某些海参在受到攻击或环境不好时，能驱出其内部器官，而数周内就能又长出新内脏。

海百合用腕沟中管足产生的黏液网捕食浮游生物。腕张开，对着水流，小动物由于纤毛和管足的运动顺沟送入口内。

海星纲的许多种类具有掠食性，捕捉贝类，甚至其他海星；另有些种类吞食泥沙。有的取食时胃翻出，包住食物进行部分体外消化，再缩回到体内消化。

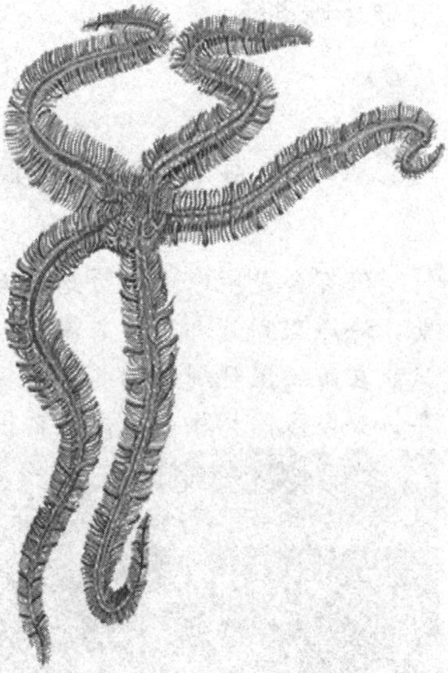
◆蛇尾

蛇尾纲的大多数取食浮游或底栖的小生物，由腕和管足捕捉，送入口内。腕分支十分复杂的蛇尾取食情况，可能类似海百合。

奇闻趣事

生物的奇异功能——再生

有再生能力的动物还有蚯蚓、壁虎、章鱼、螃蟹等。

棘皮动物的生态作用

棘皮动物中少数种类有重要经济价值，热带的几种大型海参可作为人的食品，尤其在东方；欧洲、地中海地区、智利等以海胆的成熟性腺为美肴；热带有的海参有毒素，能使许多动物致死；太平洋岛屿土著人用从海参组织浸出的毒水杀死鱼。但海参素似乎对人无毒，事实上还能降低某些肿瘤的生长率，可在医药上使用。

有害方面，如海星捕食牡蛎，造成损失；加利福尼亚沿岸海胆吃掉有经济价值的海草幼苗，致使它们无法成长；海星在太平洋和印度洋一些地方破坏珊瑚礁。

小故事——栩栩如生的海百合化石

海百合是地球上最古老的动物之一，已经生存了5亿年。在2亿3千万年前，海洋里到处都生长着海百合，由于海百合对环境要求非常苛刻，如今，人们只能在深海里见到它们美丽的身影。这些珍贵的海百合化石在地下沉睡了两三亿年，如今依然栩栩如生，恰似国画大师笔下绽放的百合花。

◆海百合化石

在现在收藏的89块海百合化石中，有两块化石尤为珍贵，连生物学专家都感到惊奇。您瞧，原本附着在海底生长的海百合，却固着在一根漂入大海的树干上。这是为什么呢？专家推测，海百合之所以附着在树干上，是要借助树干在海里漂浮，从而扩大摄取食物的范围。

可见，海百合是一种非常聪明的动物。

五光十色——软体动物

北海还珠堂世界贝类珊瑚展览馆是一座以展示海洋软体动物贝类、珊瑚为主题的新概念海洋生物馆。

徜徉其中你可以像潜水员一样亲身体验到海洋生态系统的绚烂美丽，现在让我们一起去体验吧。

◆珊瑚礁

软体动物概述

软体动物是一类身体柔软、不分节、一般左右对称、通常具有石灰质外壳的海洋动物，俗称贝类。

软体动物的种类繁多，是海洋中最大的一个动物门类，有 10 万余种。软体动物有 7 个纲，除双壳纲中约有 10%为淡水种类、腹足纲中约有 50%为淡水和陆生种类外，其余全是海产种类。

海洋软体动物分布很广，从寒带、温带到热带，由潮间带的最高处至 1 万米深的大洋底，都生活着不同的种类。

软体动物的分类

软体动物主要根据形态分为 7 个纲：

原始的无板纲

无板纲：没有贝壳，外套膜极发达，表面生有角质层和石灰质的骨针，神经系统简单，一般没有明显的神经节。这类动物全是海产，从水深数米到4000多米的海域都有分布。

该纲种类很少，全世界仅有百余种，如龙女簪、毛皮贝、新月贝都属于这一纲。

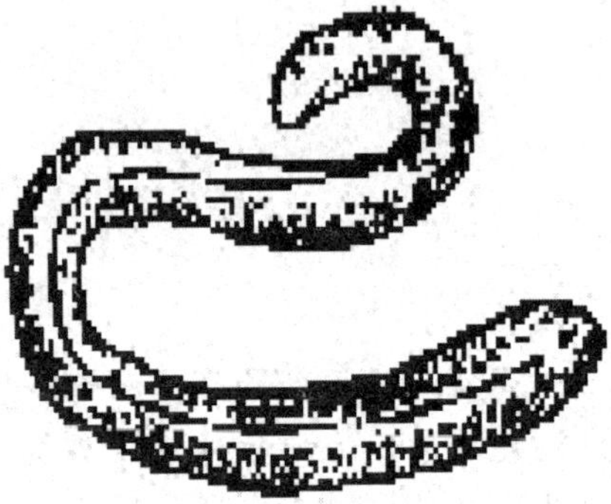

◆龙女簪（腹面观）

带壳的多板纲

多板纳：身体呈椭圆形，背腹扁，有覆瓦状排列的8块板状贝壳。神经系统与无板类相似。全部为海产，大多数种类生活在潮间带，一般用肥厚的足部在岩石上过着爬行生活。全世界约有600种，常见的有石鳖。

◆石鳖

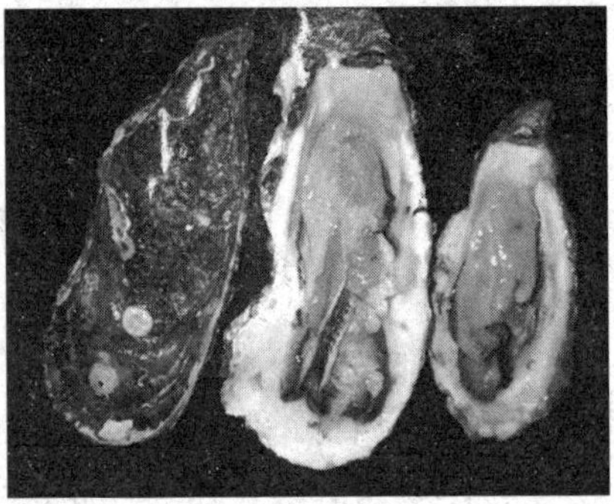

◆牡蛎

斗笠状的单板纲

单板纲：身体为椭圆形，有一个笠状的贝壳，足很发达，用以在海底爬行。神经系统、消化系统、鳃的结构，都与多板纲相似。器官有分节现象，与多板纲不同。以往仅发现有化石种，1952年在太平洋中发现有现生种。现生的种类仅有新蝶贝一属。

无头的双壳纲

双壳纲：身体左右各有一个包被身体的外套膜，由它分泌的贝壳头部退化，所以也称无头类。鳃呈瓣状，因此又称瓣鳃类。足发达，适合于在海底挖掘泥沙，过着底内生活，或用足丝、贝壳在硬底质上过着固着生活。神经系统有脑侧、脏、足3对神经节。

双壳纲数量极大，大多生活于浅海，少数生活于深海，肉质鲜美，如蚶、贻贝、扇贝、牡蛎、蛤仔、缢蛏、竹蛏等。

牛角状的掘足纲

掘足纲：身体呈牛角形，有一个牛角状的贝壳。贝壳两端开口，前端开口大，是头足孔；末端开口小，为肛门口。足发达，呈柱状，用以挖掘泥沙，潜入其中生活。神经系统有脑、侧、脏、足4对神经节。掘足纲全部为海产，分布广，但种类不多，全世界约有200种，如角贝。古代曾用这类动物的贝壳作货币和装饰，目前没有发现其他用途。

螺旋状的腹足纲

腹足纲：软体动物中种类最多、变化最大的一纲。一般有一个螺旋形的贝壳，所以也称单壳类。

该纲生物的头部发达，上面有口、眼和触角等器官。足部肌肉发达，有宽广的面，适于在底质表面爬行。神经系统由脑、侧、足、脏4对神经节及其连结的神经索组成；较高等的种类神经节向头部集中。有海水、淡水和陆地生活的种类。海生种类有鲍、马蹄螺、笠贝、红螺、宝贝、骨螺等。

◆各种贝类和螺

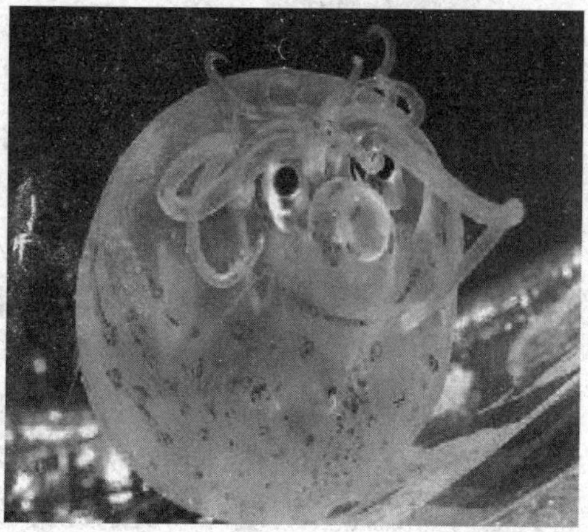

◆小猪章鱼

张牙舞爪的头足纲

头足纲：头部极为发达，足环围于头的前端，两侧有构造与脊椎动物相似的眼睛，足有8条腕或10条腕及1个漏斗组成。外套膜的肌肉肥厚呈袋状，包被整个内脏。除鹦鹉螺外其他都已经没有外壳，有的具有内壳。神经系统较发达，神经节多集中于头部形成脑。

头足纲全部为海产，一般过着游泳生活。有的种数量很大，肉多味美，富有营养，是海洋渔业的重要对象，如乌贼、章鱼等。

重要的海洋生物资源——软体动物

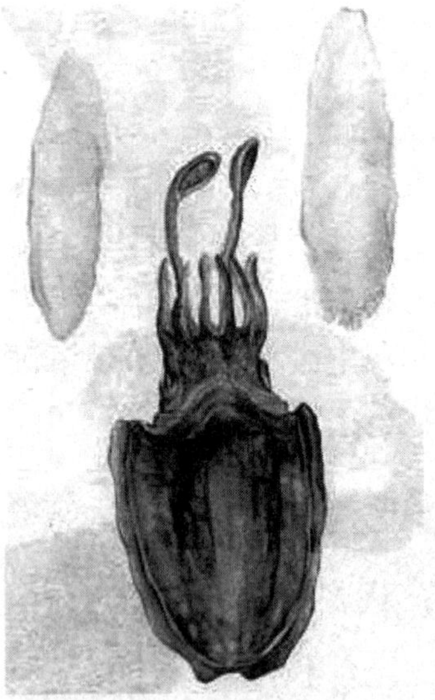
◆金乌贼（海螵蛸）

海洋软体动物是重要的生物资源。很多种类分布广，数量大，肉味鲜美，又易捕捞和养殖，是人类的渔业生产的对象，如：头足类的鱿鱼、乌贼等；双壳类的牡蛎、贻贝、蛏、蚶等。据统计，世界海洋软体动物的产量每年约为560万吨，其中鲍、干贝（扇贝的闭壳肌）等都是珍贵的海产食品。

海洋软体动物也可供药用，如鲍的贝壳叫石决明，乌贼的内壳为海螵蛸，贻贝、牡蛎及一些双壳类的贝壳都是常用的中药。

很多种的贝壳生有独特的形状和花纹，具有丰富的色彩和光泽，如宝贝、鸡心螺、竖琴螺、扇贝、珍珠贝，可以制成人们喜爱的玩赏品、日用品和装饰品；由双壳类产生的珍珠更是珍贵的装饰品和药材；贝雕工艺画完全是用各种贝壳进行雕琢装饰而成的。

很多海洋软体动物还可作为农业肥料和家禽、鱼类、虾类的饲料。但是，也有许多海洋软体动物对人类有害，如船蛆、海笋等，它们穿凿木船和其他海中设施，对航海、交通和捕捞等危害很大。贻贝等大量附着在船底和沿海工厂的冷却水管道内，会增加航行阻力和堵塞水管。

顶盔戴甲——节肢动物

餐桌上的虾仁炒银条，大闸蟹，让我们垂涎欲滴。主料虾和蟹就是节肢动物的主角。

这是一个庞大的家族，除了我们在身边看到的昆虫、蜘蛛外，很多就生活在这片蔚蓝色的海洋中，除了虾和蟹，还有鲎和藤壶等。

◆银条炒虾仁

分节的节肢动物

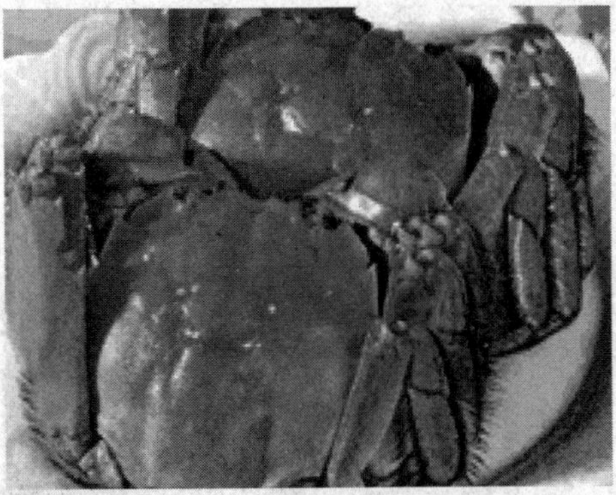

◆大闸蟹

节肢动物是动物界中种类最多的一个门。

本门动物身体分头、胸、腹 3 部分，附肢分节，故名节肢动物。具几丁质的外骨骼，并有蜕皮现象，是本门动物共有的特点。

节肢动物门约 87 万多种，分 9 个纲：三叶虫纲、甲壳纲、肢口纲、蜘蛛纲、蛛形纲、海蜘蛛纲、原气管纲、多足纲、昆虫纲。

节肢动物的种类和数量如此之多，必然影响人类及生态系统。在海洋中，最主要的是甲壳纲的虾、蟹、磷虾及挠足类等。

活蹦乱跳的虾

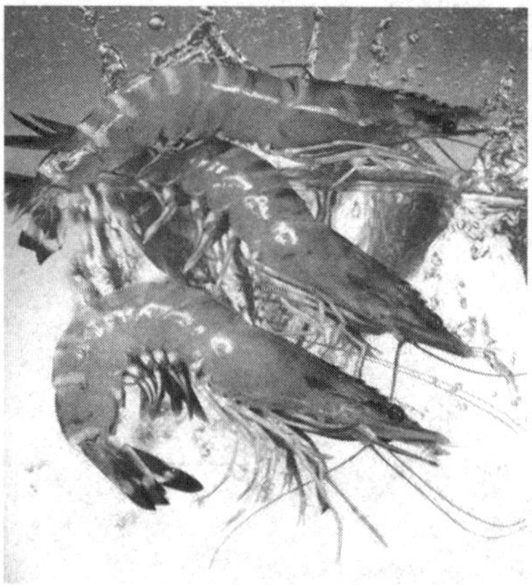
◆对虾

虾属节肢动物甲壳类，种类很多，包括青虾、河虾、草虾、小龙虾、对虾、明虾、基围虾、琵琶虾、龙虾等。对虾是我国的特产，因其个大出售时常成对出售而得名。

虾长有身体两倍长的细长触须，用来感知周围的水体情况，胸部强大的肌肉有利于长途洄游，腹部的尾扇可用来控制身体的平衡，也可以反弹后退。对虾生活在暖海里，夏秋两季能够在渤海湾生活和繁殖，冬季要长途迁移到黄海南部海底水温较高的水域去避寒。

我国海域宽广、江河湖泊众多，盛产海虾和淡水虾。虾含有丰富的蛋白质，营养价值很高，其肉质和鱼一样松软，易消化，又无腥味和骨刺，同时含有丰富的矿物质如钙、磷、铁等，还富含碘质，对人类的健康极有裨益。

张牙舞爪的蟹

◆蟹

蟹是十足目短尾次目的通称。全世界约有 4700 种，中国约 800 种，常见的有关公蟹、梭子蟹、溪蟹、招潮蟹、绒螯蟹等属。

蟹身体分为头胸部和腹部。额中央有第 1、2 对触角，外侧是有柄的复眼。头胸部的背面覆以头胸甲，两侧有 5 对胸足；腹部退化扁平，曲折在头胸部的腹面。蟹以鳃呼吸，功能如肺；通常以步行或爬行的方式移动。

蟹壳可用以提炼工业原料甲壳素；有些蟹类可作中药用；幼体或成体均可作饵料及饲料。但是有一些蟹类会损害农田水利，或作为人体寄生虫的中间宿主。

轻松一刻

怎么辨我是雌雄

雄蟹脐呈三角形，较细长；
雌蟹脐呈圆形或半圆形，较宽大。

“活化石”—鲎

鲎也称马蹄蟹，肢口纲剑尾目的海生节肢动物，共4种，见于亚洲和北美东海岸。虽然叫马蹄蟹，但并不是蟹，而是与蝎、蜘蛛以及已绝灭的三叶虫有亲缘关系。

受到海洋环境污染的威胁，鲎正在消失，但它面临的真正危险却是来自某些人的不法行为。

南部沿海地区滥捕滥杀这种珍贵动物的现象非常严重，其中一些渔民

◆鲎

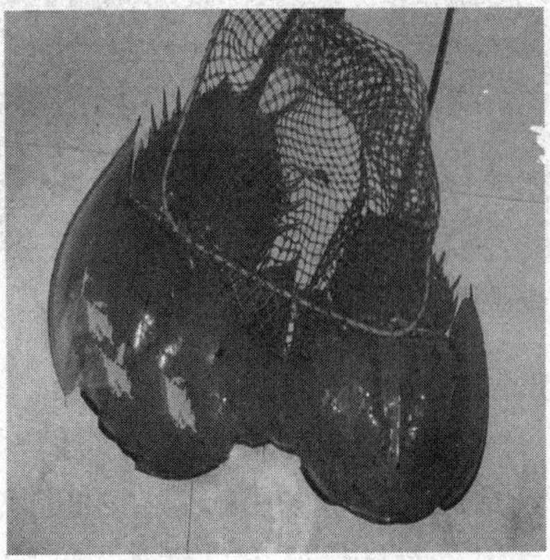

◆平潭渔民捕获“海底鸳鸯”，边警解救后放归大海

有一身徒手入海捉鲎的本领，现在却无法施展了，因为政府采取严厉措施，制止滥捕滥杀有“活化石”之称的中国鲎。

中国鲎的数量正在急剧减少。如果你发现了它，请不遗余力地保护它吧。

活 化 石

鲎

鲎的祖先出现在地质历史时期古生代的泥盆纪，当时恐龙尚未崛起，原始鱼类刚刚问世，随着时间的推移，与它同时代的动物或者进化，或者灭绝，而唯独鲎从4亿多年前问世至今仍保留其原始而古老的相貌，所以鲎有“活化石”之称。

“马牙”一藤壶

◆藤壶

藤壶属于甲壳纲，藤壶科，是附着在海边岩石上的一簇簇灰白色、有石灰质外壳的小动物，形状有点像马的牙齿，所以生活在海边的人们常叫它“马牙”。

藤壶不但能附着在礁石上，而且能附着在船体上，任凭风吹浪打也冲刷不掉。藤壶在每一次脱皮之后，就要分泌出一种黏性的藤壶初生胶，这种胶含有多种生化成分和极强的粘合力，从而保证了它极强的吸附能力。

相信经常出入海边的人们对藤壶不会陌生吧？许多人都曾经见过它，只是对它还不太了解。在西班牙和葡萄牙，藤壶是一种美食，被人们广泛食用，而且价格十分昂贵。它的口感偏咸，通常采用蒸煮，然后连同附着在触角末端的贝壳一同食用。

种类繁多——海洋鱼类

童话故事中的美人鱼，如果跑到21世纪现实生活中，会有童话般的结局吗？王子和公主能过着幸福美满的日子吗？

◆海洋鱼类

繁盛的海洋鱼类

◆海洋鱼类

海洋鱼类是一类大多数以鳃呼吸、用鳍运动、体表被有鳞片、体内一般具有鳔、变温的海洋脊椎动物。

目前鱼类共有2万余种，其中海洋鱼类约有1.2万种，为鱼类中最繁盛的类群。海洋鱼类从两极到赤道海域，从海岸到大洋，从表层到万米左右的深渊都有分布。生活环境的多样性，促成了海洋鱼类的多样性。

但由于生活方式相同，产生了一系列共同的特点：具有呼吸水中溶解氧的鳃；鳍状便于水中运动的肢体；能分泌黏液以减少水中运动阻力的皮肤。此外，在体型结构、繁殖生长、摄食营养、运动等方面都有其特点。

海洋鱼类的分类

原始的圆口纲

圆口纲：无上下颌，体表裸露无鳞，体形细长呈鳗形，骨骼完全为软骨。无偶鳍，无肩带和腰带，脊索终生存在，无椎体。具有单独不成对的鼻孔，由内胚层形成的鳃处于肌肉囊中，并开口于体外。

◆日本七鳃鳗

本纲为一些小型或中型的鱼形动物，现知全世界有 2 目、3 科、14 属、60 余种。中国只有七鳃鳗目的日本七鳃鳗和盲鳗目的蒲氏粘盲鳗为海产。

软骨鱼纲

本纲中的鱼类内骨骼全为软骨，常以钙化加固，无任何真骨组织。

其体表被有盾鳞、棘刺或裸露无鳞。脑颅无接缝，头部每侧具有鳃裂，开口于体外。肠短，内具螺旋瓣，无鳔。雄性具有由腹鳍内侧特化而成的交配器，称为鳍脚。行体内受精，卵生、卵胎生或胎生。

◆软骨鱼纲中的弓鲛

现知全世界软骨鱼类有 12 目、40 科、130 属、650 余种。分布很广，全世界各海域都有，但以低纬度海域为主，从沿海至 3000 米的深海均有分布。中国海洋软骨鱼类现知有 10 目、35 科、73 属、166 种。

硬骨鱼纲

◆硬骨鱼纲中的狼鳍鱼

本纲是海洋鱼类中最高级的、也是现在最为繁盛的一纲。其内骨骼出现骨化，头部常被有膜骨，骨骼具有骨缝。体表被有硬鳞或骨鳞，或裸露无鳞。外鳃孔 1 对，鳃间隔退化，鳃丝为双行的鳃条所支持。通常有鳔，鳍条多分节，肠内无螺旋瓣。有些鱼有背肋和腹肋，耳石坚实。一般为体外受精，无泄殖腔。

现知全世界硬骨鱼类有 420 科、3800 余属、1.8 万余种，其中海洋鱼类约有 1.2 万种。中国海洋硬骨鱼类有 197 科、780 属、1825 种。

奇妙的各种各样的鱼

会爬树的鱼

在我国沿海生活着一种能够适应两栖生活的弹涂鱼。其体长 10 厘米左右，略侧扁，两眼在头部上方，似蛙眼，视野开阔；鳃腔很大，鳃盖密封，能贮存大量空气；腔内表皮布满血管网，起呼吸作用；尾鳍在水中除起鳍的作用外，还是一种辅助呼吸的器官。这些独特的生理现象使它能够离开水，较长时间生活在其他地方。

◆弹涂鱼

此外，弹涂鱼的左右两个腹鳍合并成吸盘状，能吸附于其他物体上，遇到敌害时，它的行动速度比人走路还要快。生活在热带地区的弹涂鱼，

在低潮时为了捕捉食物，常在海滩上跳来跳去，更喜欢爬到红树的根上捕捉昆虫吃。因此，被人称为“会爬树的鱼”。

会发声的鱼

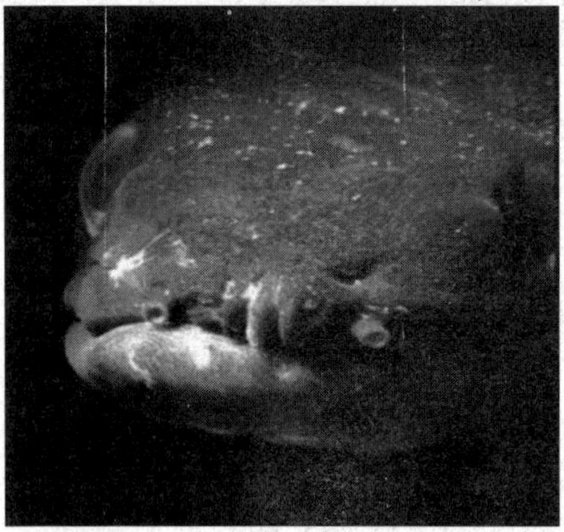

◆康吉鳗

一般人都以为鱼类是哑巴，显然这是不对的，许多鱼类会发出各种令人惊奇的声音。例如：康吉鳗会发出“吠”音；电鲶的叫声犹如猫怒；箱鲀能发出犬叫声；鲂鮄的叫声有时像猪叫，有时像呻吟，有时像鼾声；海马会发出打鼓似的单调音；石首鱼类以善叫而闻名，其声音像辗轧声、打鼓声、蜂雀的飞翔声、猫叫声和呼哨声，其叫声在生殖期间特别常见，目的是为了集群。

鱼类发出的声音多数是由骨骼摩擦、鱼鳔收缩引起的，还有的是靠呼吸或肛门排气等发出的。有经验的渔民，能够根据鱼类所发出声音的大小来判断鱼群数量的大小，以便下网捕鱼。

能发电和发射电波的鱼

在鱼类王国里有一类会发电或会发射无线电波的鱼，如：电鳐，刺鳐、星鳐、何氏鳐、中国团扇鳐等均具有较弱的发电器官。

电鳐头的后部和肩部胸鳍内侧，左右各有一个卵圆形的蜂窝状的大发电器。放电电压 70～80 伏特，有时能达到 100 伏特，每秒放电 150 次。

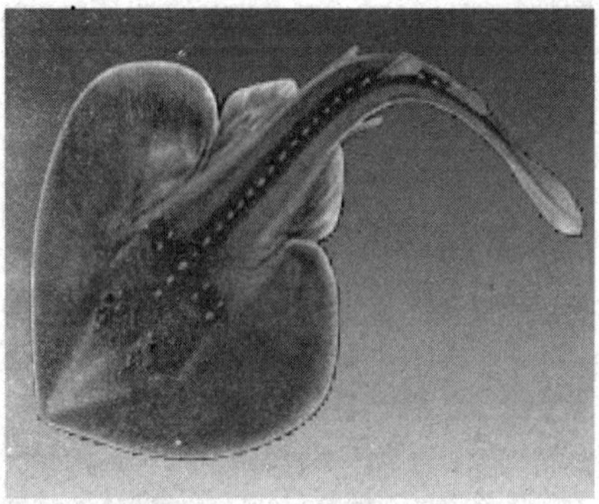

◆中国团扇鳐

会发光的鱼

在海洋世界里，无论是广袤无际的海面，还是万米深渊的海底，都生活着形形色色、光怪陆离的发光生物，宛如一座奇妙的“海底龙宫”，整夜鱼灯虾火通明，正是它们给没有阳光的深海和黑夜笼罩的海面带来了光明。

◆发着光的鱼

烛光鱼的腹部和腹侧有多行发光器，犹如一排排的蜡烛，故得名。深海的光头鱼头部背面扁平，被一对很大的发光器所覆盖，该大型发光器可能就起视觉的作用。

◆会发光的鱼

鱼类发光是由一种特殊酶的催化作用而引起的生化反应。发光的萤光素受到萤光酶的催化作用，萤光素吸收能量，变成氧化萤光素，释放出光子而发出光来。这是化学发光的特殊例子，即只发光不发热。有的鱼能发射白光和蓝光，另一些鱼能发射红、黄、绿和鬼火般的微光，还有些鱼能同时发出几种不同颜色的光。例如，深海的一种鱼具有大的发光器官，能发出蓝光和淡红光，而遍布全身的其他微小发光点则发出黄光。

小知识

鱼类发光的生物学意义

一是引诱猎物，捕获食物；
二是吸引异性，完成交配；
三是种群联系，互相帮助；
四是迷惑敌人，逃避危险。

鸳鸯双戏蝶双飞——蝴蝶鱼

◆红尾珠

◆一点蝶

人们见到飞舞的蝴蝶时赞声不绝，而蝴蝶鱼的美名，就是因为这种鱼犹如美丽的蝴蝶。若要在珊瑚礁鱼类中选美的话，那么最富绮丽色彩和引人遐思的当首推蝴蝶鱼了。

蝴蝶鱼俗称热带鱼，是近海暖水性小型珊瑚礁鱼类，身体侧扁适宜在珊瑚丛中来回穿梭，能迅速而敏捷地消逝在珊瑚枝或岩石缝隙里；吻长口小，适宜伸进珊瑚洞穴去捕捉无脊椎动物；并且具有一系列适应环境的本领，比如艳丽的体色可随周围环境的改变而改变，通常改变一次体色要几分钟，有的仅需几秒钟。许多蝶蝴鱼有极巧妙的伪装，常把自己真正的眼睛藏在穿过头部的黑色条纹之中，而在尾柄处或背鳍后留有一个非常醒目的“伪眼”，常使捕食者误认为是其头部而受到迷惑。

万花筒

爱情模范生

蝴蝶鱼对爱情忠贞专一，大部分都成双入对，好似陆生鸳鸯，它们成双成对在珊瑚礁中游弋、戏耍，总是形影不离。当一尾进行摄食时，另一尾就在其周围警戒。

神奇的“魔鬼鱼”

“魔鬼鱼”是一种庞大的热带鱼类，学名叫前口蝠鲼。因为发起怒来，只需用它那强有力的“双翅”一拍，就会碰断人的骨头，致人于死地，所以叫它“魔鬼鱼”。

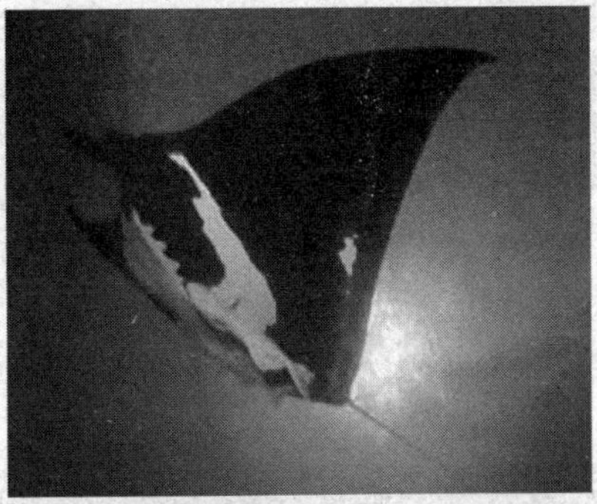
◆前口蝠鲼

有时候蝠鲼用它的头鳍把自己挂在小船的锚链上，拖着小船飞快地在海上跑来跑去，使渔民误以为这是“魔鬼”在作怪，实际上是蝠鲼的恶作剧。

“魔鬼鱼”喜欢成群游泳，有时潜栖海底，有时雌雄成双成对升至海面。在繁殖季节，蝠鲼用双鳍拍击水面，跃起腾空，在离水一人多高的上空“滑翔”，落水时，声响犹如打炮，波及上千米，非常壮观。虽然蝠鲼看上去令人生畏，其实它是很温和的，仅以甲壳动物或成群的小鱼小虾为食。

◆蝠鲼

形态奇特的翻车鱼

翻车鱼长得很离奇，体短而侧扁，背鳍和臀鳍相对而且很高，尾鳍很短，看上去好像被人用刀切去一样，因此也叫头鱼。它生活在热带海洋中，身体周围常常附着许多发光动物，一游动，身上的发光动物便会发出明亮的光，远远看去像一轮明月，故又有“月亮鱼”之美名。

◆翻车鱼

翻车鱼头重脚轻的体型很适宜潜水，常常潜到深海捕捉深海鱼虾为食。

奇闻趣事

最会生孩子的鱼妈妈

翻车鱼既笨拙又不善游泳，常常被海洋中其他鱼类、海兽吃掉，而它不致灭绝的原因就是其具有强大的生殖能力，一条雌鱼一次可产三亿个卵，在海洋中堪称是“最会生孩子的鱼妈妈”。

鱼类的生活习性

◆欧洲巨鲶

鱼类的繁殖、发育、生长，都是依靠摄食食物、获取营养和能量后完成的，在摄食食物的多样性方面，海洋鱼类在脊椎动物中居于首位。

按所摄食食物的性质，可分为3类：植食性鱼，饵料以浮游植物为主，如遮目鱼、梭鱼、蓝子鱼等；肉食性鱼，海洋中大多数鱼类属于此类食性，如带鱼、石斑鱼、大黄鱼、鲸鲨、姥鲨等；杂食性鱼，指摄食两种以上性质不同的食物，有动物，也有植物，并兼食水底腐殖质，如斑、叶鲹等。

海洋鱼类不同的食性，直接影响鱼肉的质量，一般肉食性鱼类的肉质较好，而植食性鱼类的肉质则稍差。但亦有例外，如以浮游生物为食的鲥鱼肉味就十分鲜美。

知识库——鱼类的洄游

洄游是海洋鱼类运动的一种特殊形式，它与一般运动截然不同。一般的运动都是条件反射运动，常是由外界的刺激所引起的运动。洄游则是一些海洋鱼类的主动、定期、定向、集群，具有种特点的水平移动。洄游也是一种周期性运动，随着鱼类生命周期各个环节的推移，每年重复进行。

鱼类的经济价值

◆鲨鱼

海洋鱼类是人们喜爱的食品，不但富含蛋白质、脂肪、糖类、矿物质和维生素等人类必需的营养物质，而且味道鲜美，其蛋白质和脂肪都比其他动物性肉类易于被人体消化吸收。据1980年的资料显示：世界海洋鱼类的年捕获量为5569万吨，占海洋年总渔获量的86%以上，超过海洋中任何一类动物的产量。

海洋鱼类也是重要的工业原料。鱼肉可制作罐头食品，鱼肝可提取鱼肝油，鱼鳞、鱼骨可以制胶，鱼油可制做肥皂、润滑油，有些鲨鱼的皮可制成皮革，杂鱼可制成鱼粉，鱼的内脏和某些有毒鱼类的毒素可提取制成各种药物。

拓展思考

1. 你知道海洋中有多少种鱼类，它们可以分成哪些种类吗？
2. 你还知道哪些有奇异功能的鱼类吗？
3. 鱼类为什么要洄游？这种行为的意义是什么？

为数不多——爬行动物

◆绿海龟

爬行动物在陆地上可谓是比比皆是，可是在海洋这个国度中，它们的家族不算庞大，但是也有称奇的地方，比如其中有人人羡慕的“老寿星”美名的海龟，有令人生畏的“冷血杀手”之称的海蛇，还有我们再也无缘看到的已经灭绝的鱼龙、蛇颈龙等。

◆金钱龟

现存的海洋爬行动物，包括海龟和海蛇两类，已经灭绝的包括鱼龙，蛇颈龙等。

海龟与海蛇，主要生活在暖水海洋中。我国青岛近海，夏、秋季海水温度升高的时候才能发现其行迹，而且数量也比较少，记录的海龟鳖目海龟科有海龟和蚺龟，棱皮龟科有棱皮龟，是国家保护动物。而海蛇在青岛沿海不多见，以海蛇科的青灰海蛇、青环海蛇和淡灰海蛇三种较常见，一般栖息于近海无人居住的海岛附近。

千岁寿星——海龟

海龟　是大洋暖水性、近海珍贵龟类，国家二类保护动物，俗称绿海龟。

海龟的头部有一对对称的前额鳞，背部角板略成心脏形，呈平铺状排列，脊甲板5块，肋角板每侧4块，有下缘脚板。头部吻短，颌不钩曲。

蚋龟 生活于大洋中上层，生殖时于海岸沙滩产卵。

蚋龟的前额鳞2对，背部角板呈平铺状，脊甲板6块，肋角板每侧5块或6块。幼龟背面具三条强棱，成长后逐渐不显。头部较大，具极强的钩状缘。

棱皮龟 是大洋暖水性个体最大的海龟，俗称竖琴龟。

◆棱皮龟

棱皮龟的头部具有排列复杂且不规则的鳞片，无角板，上颌有2个大三角形齿突。背面黑褐色，有浅色斑，被以柔软的革质皮肤，其上有7条纵行棱与乐器中的竖琴相似，因而得“竖琴龟”之名。棱间凹陷似沟，腹面色浅，有5条棱，四肢桨状无爪，前肢比后肢大，尾短。

冷血杀手——海蛇

青环海蛇 青环海蛇的腹鳞宽度不到体宽的四分之一，躯干部最粗部的背鳞略呈圆形，呈覆瓦状排列。躯干前段较细，头部很小呈橄榄色。前额鳞正常2枚。

◆青环海蛇

淡灰海蛇 淡灰海蛇的腹鳞特征与青环海蛇的相似，但躯干部最粗部的背鳞呈六角形或方形，略呈覆瓦状排列或呈彼此镶嵌状排列，躯干部前段不甚细，头也不甚小。躯干部深色环纹不达腹部中央，从侧面看，深色环纹其间浅色部分宽。

◆平须海蛇

青灰海蛇 青灰海蛇的腹鳞和背鳞特征与淡灰海蛇的相似，但躯干部深色环纹达腹部中央，构成完整的环纹，从侧面看，深色环纹较其间浅色部分窄。

平须海蛇 平须海蛇的腹鳞不甚明显，与其相邻的背鳞大小相似，或腹鳞退化。眼上、下鳞片正常，不成棘状。躯干粗短，其前段不细。

点 击

“冷血杀手”之称的蛇

蛇是一种变温动物，它的体温常是随着四季气温的变化而变化的，体内的代谢率和活动也与体温变化息息相关。体温高时，代谢率高，活动频繁；体温低时，代谢率低，活动减弱。

拓展思考

1. 海洋中的爬行动物有哪些？
2. 你知道哪些海洋生态系统呢？
3. 听过“农夫和蛇”的故事吧，你知道蛇是恒温还是变温动物？

大块头——哺乳动物

◆戈鲸

哺乳类是一种恒温、脊椎动物，身体有毛发，大部分都是胎生，并由乳腺哺育后代。哺乳和胎生是哺乳动物最显著的特征，保证其后代有更高的成活率及一些种类的复杂社群行为的发展。

生命起源于海洋，人类刚出生时是具有游泳的本能的，你知道吗？

或许大家很难想象海洋中也有哺乳动物，它们该如何哺育自己的后代呢？你知道世界上体重最重的哺乳动物是什么吗？它就在海洋中，那就是鲸。

海洋巨无霸——哺乳动物

◆海豚

海洋哺乳动物是哺乳类中适合于海栖环境的特殊类群，通常被人们称作为海兽，是海洋中胎生哺乳、肺呼吸、恒体温、流线形且前肢特化为鳍状的脊椎动物。我国现有各种海兽 39 种，都是从陆上返回海洋的，属于次水生生物，属游泳生物。

奇特的海洋哺乳动物

海洋哺乳动物同时具有陆生高等哺乳动物和水生动物的特征：

◆鲸

1. 体型：纺锤形或流线型。有半水生生物和全水生生物之分，前者如海獭和北极熊，像陆地上生活的兽类；后者如鲸类和海牛，像水中生活的鱼。

2. 肺呼吸。

3. 体温：依靠皮下厚脂肪层或很好的毛皮起到保温的作用。

4. 繁殖：多数1年1胎，1胎1仔，也有的3年1胎。哺乳期6～12个月，初生仔个体较大，幼兽随母兽生活的时间较长。

海洋哺乳动物的分类

◆罕见白化鲸鲨现身达尔文海域

海洋哺乳动物包括鲸目、海牛目和鳍脚目三个目。

鲸目 分3个亚目，已知有90余种。

全部生活在水中，看起来像鱼，可达30多米长。皮肤裸露，皮下脂肪非常肥厚。头顶有鼻孔1～2个；眼小视力差，觅食和避敌主要靠回声定位；无外耳壳，外听道细小，但感觉灵敏且能感受超声波；有肺2叶，起呼吸作用；乳房一对；胚胎时期都有齿；但须鲸类的齿在出生时变为须，齿鲸类终生有齿；前肢鳍状，后肢退化，尾肢为游泳器官。

海牛目 分3科，其中大海牛科已于18世纪灭种，仍保存海牛科和儒艮科共4种。

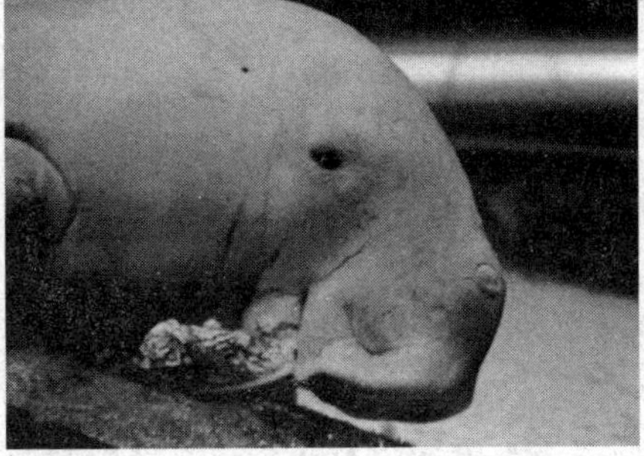

◆儒艮

◆白鲸

全水栖，纺锤形。皮厚毛稀疏；颈短有缢纹，颈椎互相分离；臼齿咀嚼面平坦；胃多室，肠长，植食性主食海藻；前肢鳍状，后肢缺失，仅保留腰带骨；无背鳍，尾鳍宽大扁平；行动缓慢，好群居。

鳍脚目 半水栖，像陆地上的兽。密被短毛；头圆颈短；鼻和耳孔均有活动瓣膜，潜水时都关闭；口大，周围有大量触毛，有不同型牙齿；听、视、嗅觉都灵敏，具水下声通信和回声定位能力；四肢呈鳍状，前肢保持平衡，后肢为主要游泳器官，趾间有蹼。

珍稀的海洋哺乳动物

兽中之王——蓝鲸

蓝鲸是人类已知的世界上最大的动物，全身呈蓝灰色。

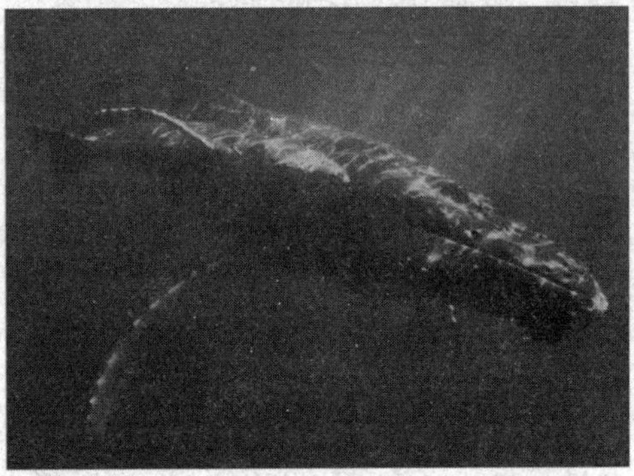

◆蓝鲸

目前最大的蓝鲸是于1904年在大西洋的福克兰群岛附近捕获的，体长33.5米，体重195吨，相当于35头大象的重量。它的舌头重约3吨，心脏重700千克，肺重1500千克，血液总重量约为8吨～9吨，肠子有250米长，这样大的躯体看来只能生活在浩瀚的海洋中。

大力士——蓝鲸

蓝鲸是地球上首屈一指的巨兽，论个头堪称兽中之“王”。蓝鲸还是绝无仅有的大力士，一头大型蓝鲸所具有的功率可达1700马力（1马力约合735.5瓦），可以与一辆火车头的力量相匹敌，能拖曳800马力的机船，甚至在机船倒开的情况下，仍能以每小时4～7海里的速度跑上几个小时。蓝鲸的游泳速度也很快，每小时可达15海里。

潜水冠军——抹香鲸

抹香鲸头重尾轻，宛如一头巨大的蝌蚪；头部占去全身的三分之一，看上去像个大箱子；鼻孔很特殊，只有左鼻孔畅通，位于左前上方，而右鼻孔则堵塞，所以呼气时喷出的雾柱是以45°角向左前方喷出的。抹香鲸的牙齿很大，每侧有40～50枚，但是只有下颌有，非常厉害，猎物一旦被它咬住就难以脱身。它最喜欢吃的食物是深海大王乌贼，因此“练就”了潜水深达2200米的好功夫。

◆罕见的雄性抹香鲸，体长16米

名字由来——抹香鲸

著名的龙涎香就是抹香鲸肠道里的异物，是一种极好的保香剂，抹香鲸的名字也是由此而来的。另外抹香鲸的经济价值很高，巨大的“头箱”中盛有一种特殊的鲸蜡油，是一种用处很大的润滑油，许多精密仪器，如手表、天文钟甚至火箭，都离不了它。

横行的暴徒——虎鲸

虎鲸属于齿鲸类，胆大而狡猾，且残暴贪食，是辽阔海洋里“横行不法的暴徒”，不少人在海上屡屡目睹虎鲸袭击海豚、海狮以及大型鲸类的惊心动魄情景。

◆虎鲸

虎鲸的口很大，上、下颌各有二十几枚 10～13 厘米长的锐利牙齿，牙齿朝内后方弯曲，上下颌齿互相交错搭配，与人的两手手指交叉搭在一起的形式相似，这不仅使被擒之物难逃虎口，而且还会撕裂、切割猎物；大嘴一张，尖齿毕露，更显出一副凶神恶煞的样子。

锋利的牙齿——齿鲸

◆齿鲸

齿鲸口中具有圆锥状的牙齿，但不同种类，牙齿的形状、数目相差也很大，最少的仅 1 枚独齿，最多的则有数十枚，有的还隐藏在齿龈中不外露，所以这也是进行分类的重要依据之一。外鼻孔只有 1 个，呼吸换气时只能喷出一股水柱；头骨左右不对称；胸骨较大，没有锁骨；鳍肢上具有 5 指；没有盲肠。

海中智叟——海豚

◆海洋公园海豚表演

人们常说，在动物界中猴子是最聪明的动物，但事实证明，海豚比猴子还要聪明。有些技艺，猴子要经过几百次训练才能学会，而海豚只需二十几次就能学会。如果用动物的脑占身体重量的百分比来衡量动物的聪明程度，那么海豚仅次于人，而猴子名列第三。

海豚经过训练后，不仅可以表演各种技艺，例如顶球、钻火圈等，而且在人的特殊训育下，还可以充当人的助手，戴上抓取器潜至海底，打捞沉入海底中的物品，如实验用的火箭、导弹等，或给从事水下作业的人员传递信息和工具。另外还能进行军事侦察，甚至充当“敢死队”，携带炸药和弹头，冲击敌舰或炸毁敌方水下导弹发射装置。

貌似家犬——海豹

海豹身体浑圆，形如纺锤，体色斑驳，皮下脂肪很厚，显得膘肥体胖。从头部看，貌似家犬，因而也称为“海狗”。海豹的两只后脚恒向后伸，犹如潜水员的两只脚蹼，游起泳来，两脚在水中左右摆动，推动身体迅速前进。海豹的潜水本领很高，一般可潜深到100米左右，在水深的海域还可潜到300米，在水下可持续23分钟；它的游泳速度也很快，一般可达每小时27千米。

◆一只小海豹向游人打招呼

◆海狮

深海打捞员——海狮

海狮吼声如狮，个别种颈部长有鬃毛，又颇像狮子，故而得名。

海狮的后脚能向前弯曲，能在陆地上灵活行走，又能像狗那样蹲在地上。虽然海狮有时上陆，但海洋才是它真正的家，只有在海里它才能捕到食物、避开敌人，因此一年中的大部分时间，它们都在海上巡游觅食，主要以鱼类和乌贼等头足类为食。

潜水高手——海狮

海狮有着高超的潜水本领，因此海狮对人类帮助最大的莫过于替人潜至海底打捞沉入海中的东西。例如，美国特种部队中一头训练有素的海狮，在1分钟内就可以将沉入海底的火箭取上来，人们付给它的“报酬”却只是一点乌贼和鱼，这可真是一本万利的好生意哦。

食草的海兽—儒艮

在我国广东、广西、台湾等省沿海生活着一种海兽，叫儒艮，也有人称它为“南海牛”，它还分布于印度洋、太平洋周围的一些国家。

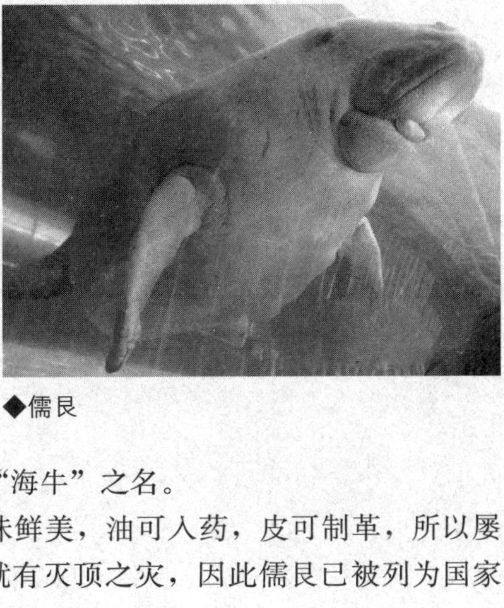
◆儒艮

儒艮以海藻、水草等多汁的水生植物为食，每天要消耗45千克以上的水生植物，所以它有很大一部分时间用在摄食上。儒艮觅食海藻的动作酷似牛，一面咀嚼一面不停地摆动着头部，所以有“海牛”之名。

儒艮体色灰白，体胖膘肥，肉味鲜美，油可入药，皮可制革，所以屡遭人类杀戮，如不严加保护，它们就有灭顶之灾，因此儒艮已被列为国家一级保护动物。

海洋哺乳动物的生态效益

海洋哺乳动物分布在南北两极到接近赤道的世界各海洋中，以北大西洋北部、北太平洋北部、北冰洋和南极的水域为多。

海洋哺乳动物的脂肪层厚且含脂肪量高，可供食用、提炼多种油脂化学工业用品及做润滑油；内脏可制作肠衣和提取药品；皮可制革；经驯养后均可成为观赏动物。

拓展思考

1. 哺乳动物的主要特征是什么？
2. 你知道世界上最大的哺乳动物是什么？
3. 你知道哪些海洋哺乳动物是素食家？

你中有我　我中有你
——海洋生物间的关系

共同生活在海洋中的生物，它们之间或者和平共处，或者战火不断，或者你帮我助，或者敌我分明……

不管它们之间存在什么样的关系，在这个大家族中，都有各自的贡献，维持家族的稳定和谐，种族延续……

◆海洋鱼类的摄

你死我活——竞争

双方旗鼓相当时，竞争最为精彩、最有意思，也最具意义。因为，至少在这种势均力敌的竞争中，会给交战双方留下许多经验值得回味。

从达尔文时代的“生存竞争，优胜劣汰”的理论产生到现在，生态学家在关于生物竞争方面进行了广泛而深入的研究。所谓“竞争”，是指种

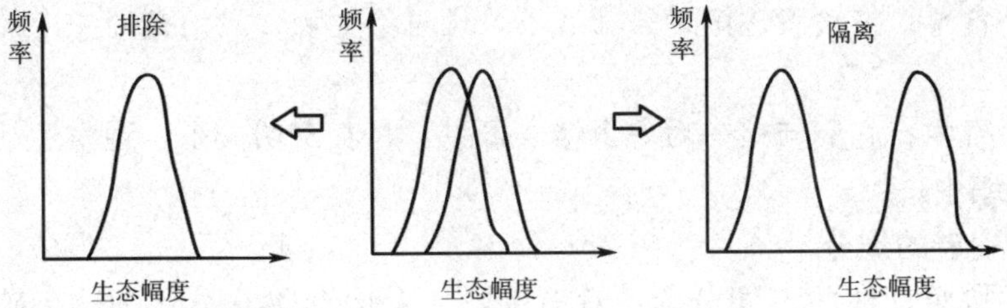

◆生物间的竞争机制

◆海洋生物

间的两个或更多个个体间，由于它们的需求或多或少地超过了共同资源的供应而产生的一种生存斗争现象。

竞争在动物群落结构中起关键性作用，地理的、形态的和资源利用的种间格局，虽然不是直接的证据，但对发展这一观点是非常重要的。许多生态学家认为：群落的总的格局归功于种间竞争。

胜者为王—捕食

捕食（predation） 是一种生物以另一种生物为食，包括所有高一营养级的动物取食低一营养级的动物和植物的种间关系，目的是获得食物与能量，用以维持自身的生活，这是动物所特有的。

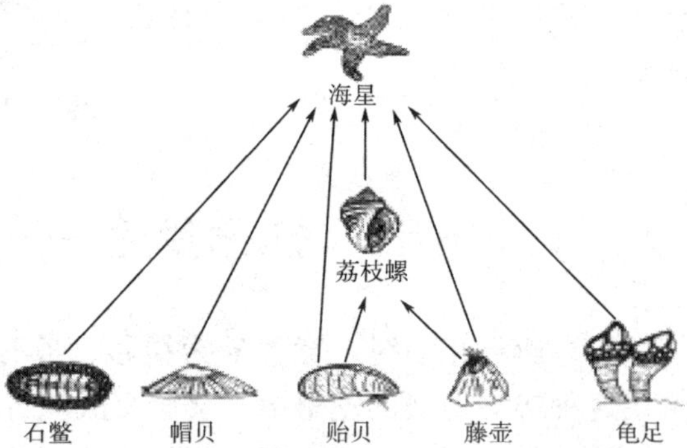

◆岩石基底的潮间带无脊椎动物之间的捕食关系

捕食这一广泛的定义包括三个方面：

1. “典型的捕食”：捕食者在袭击猎物后迅速杀而食之。

2. 食草：捕食者逐渐地杀死或不杀死对象生物，只消费对象个体的一部分。

3. 寄生：它们与单一对象个体（寄主）有着密切关系，通常生活在寄主的组织中。

捕食者的划分

1. 按照食性的不同分为：食草动物、食肉动物、杂食动物、碎屑动物、腐食性动物。

◆捕食

2. 按取食方式不同分为：滤食性动物、捕食性动物、啮食性动物、食沉积物动物。

捕食者和被捕食者间的辩证关系

1. 食者调节被食者种群的动态，防止被食者种群的剧烈波动。

2. 当捕食者是捕食被食者中那些体弱或有病的个体时，不仅对被食者的繁殖和增长没有损害，反而可提高被食者的种群素质。

3. 广食性种类有利于被食者的共存。

捕食者和被捕食者的协同进化，互为选择性因素，协同进化的结果是捕食者对被捕食者的有害因素“负作用”越来越小，两者共存于一个环境之中。有时两者甚至形成难以分离的相对稳定系统，或者说互为生存条件。

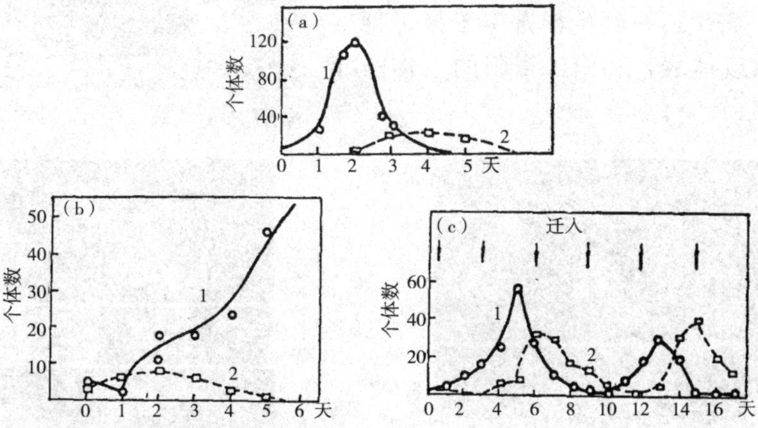

◆栉毛虫和大草履虫的捕食试验

和平共处——共生

共生是两生物体之间生活在一起的交互作用，甚至包含不相似的生物

◆蟹和海葵的共生关系

体之间的吞噬行为，其中宿主通常被用来指共生关系中较大的成员，较小者称为共生体。

依照对共生关系的生物体利弊关系而言，可分类如下：

1. 寄生：一种生物寄附于另一种生物体内或体表，利用被寄附的生物的养分生存。

◆鰕虎鱼

◆小丑鱼借助海葵护身

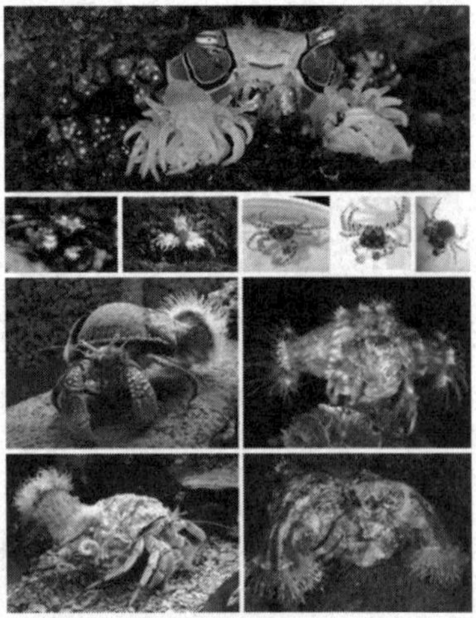

◆拳击蟹拿海葵防天敌

◆寄居蟹

2. 互利共生：共生的生物体成员彼此都得到好处。例如：小丑鱼与海葵；一些鰕虎鱼种类和枪虾类；拳击蟹、寄居蟹等与各种带刺的海葵。

3. 竞争共生：双方都受损。

4. 片利共生：对其中一方生物体有益，却对另一方没有影响。印首鱼会利用头部的吸盘状构造，吸附在其他鱼类表面，但是对其不造成伤害，随着被附着的个体的活动而行于水中。

5. 偏害共生：对其中一方生物体有害，对其他共生的成员则没有影响。

6. 无关共生：双方都没有受益也都没有受损。

共生关系是生物为了适应环境而长期演变的结果。例如，最初的共栖关系是一种生物允许另一种生物生活在它的附近、体表或体内，如果“客人”从中得到一点好处而不干扰“主人”，那么这种关系就能持续下去，所以许多生态学家认为寄生和互利都是从共栖演变而成的。随着生态系统的日趋成熟，互利共生就越普遍，因为这有利于提高系统的运转效率与稳定性。

适者生存——适应性

地球现存的生物有 200 多万种，而曾经生活在地球 99.9%的物种都已经灭绝。从 6 亿年前至今，最保守的估计已有 20 亿种生物在地球上出现过，为什么会灭绝呢？

显而易见是它们不能适应变化着的环境。达尔文的自然选择进化理论解释了生物界两个不同表现方面：分化和适应。分化说明了为什么地球上物种越来越多，而适应说明了现有物种是长期适应的结果，灭绝了的物种则不适应所处的环境。

◆珊瑚

◆厄瓜多尔发生海豚集体自杀，可能是海洋污染造成的

适应是指生物通过变化而能在某一环境中更好地生活的过程。生物对外界的适应是多方面的，有形态的、生理的、行为的和生态的适应。

随着人类工业化的高速发展，技术的不断更新，在地球上已经没有尚未出现人类足迹的地方，人类的干扰、大气污染形成的酸雨、臭氧层的破坏、生境的破碎及退化、生态系统的失调等一切都在改变着生物的现存空间，在生物圈中的生物有一部分来不及适应或根本无法适应新的环境，就随着环境的剧烈变化而将永远消失。

点 击

适应有终点吗?

自然界并非是静止的，时时刻刻都在不断地变化，生物为了生存在这个地球上，也时时刻刻在不断改变自己，来适应这个变化的自然界，因此，对适应而言，没有终点。

知天测地
——海洋动物的特异功能

这是一个特殊的群体，每个成员都有其独特的个性和功夫。我们不得不赞叹上帝的智慧，造就这样的生灵。

你知道海洋动物是怎么认识道路的吗？没有仪器，我们无法测知高度，可是有些动物就可以，你知道是谁吗？我们生病了，可以看医生，动物生病了，怎么办呢？带着这些问题，让我们去感知这些海洋动物的特异功能吧。

◆海龟

海洋动物的识途功能

海洋中众多迁徙动物均能依靠河川、海岸线和其他可视界标作导航，并运用“感觉导航”，即特殊的嗅觉和听觉，指引它们抵达目的地。

◆乌龟

例如：鲸鱼和大马哈鱼等，是凭借地磁场走南闯北的，其“接受器”是位于颅内的一种磁体東磁铁石晶体，像磁性金属，磁晶粒能让自身与磁场对齐，向脑发出方向信号。海龟的幼龟出壳后游入大海，一直到长成才返回出生的岸边交配和巢居，在返回过程中，要是离开了正道，偏南或偏北，就难免会冻死途中，正是多亏“磁倾角罗盘”，笨拙的海龟才得以走在正道上，准确回乡的。

海洋动物中的测量仪

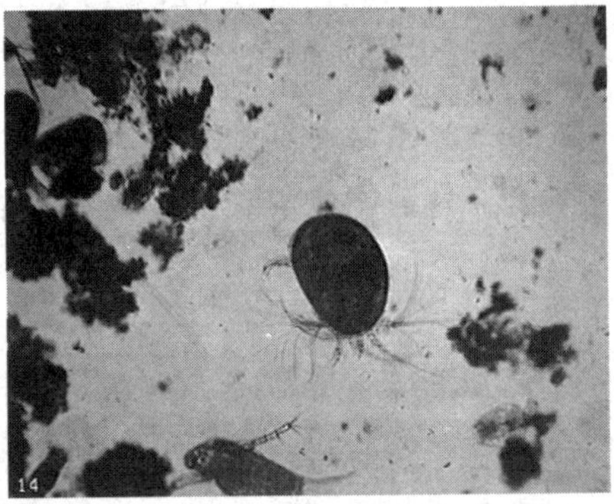

◆介形虫

我们要想测量海洋的深浅，必须使用各种测深仪实际测量，可是海洋中有这么一种生物：介形虫，从它们身上就可以得到大海深浅的数据。

介形虫是一类原生动物，体形大多呈三角形、卵形、梯形等，在一切水域中都有分布，但以海洋中最多。有趣的是，在无边无垠的海洋中，介形虫的每个种类都有自己固定的栖息地，从不到处漂泊，例如在深海生活的种类决不到浅海处栖居，而在浅海处生活的种类也决不到深海去遨游。所以地质学家就可以根据介形虫这一习性，估算出大海的深浅。例如，在

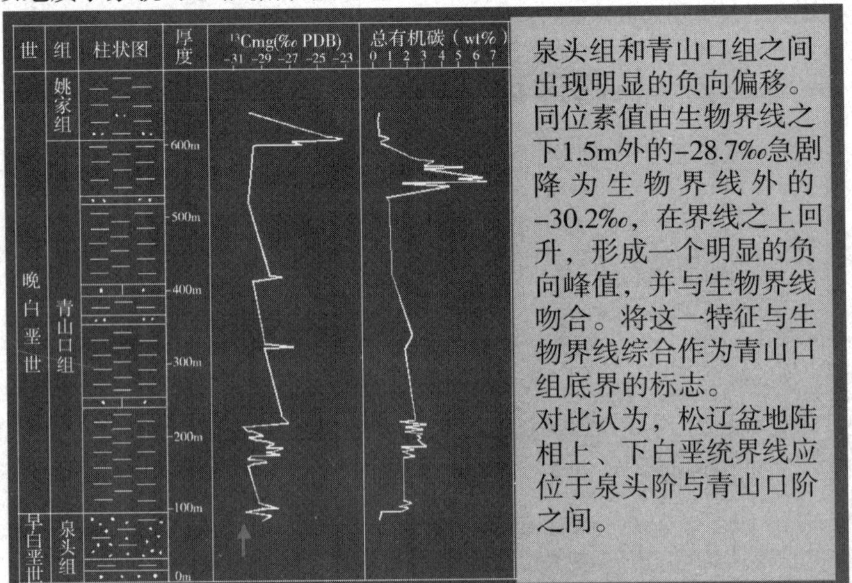

◆中国陆相白垩系生物地层

我国南黄海西北部地区海底泥沙中的介形虫，南部以中华丽花介为主，北部以穆赛介为主，东部以克利特介为主，这三种介形虫分别生活在0～20米、20～50米和大于50米水深的海区。因此，根据这些介形虫种类的分布情况，人们就能绘制出一幅简单的海底地形图。

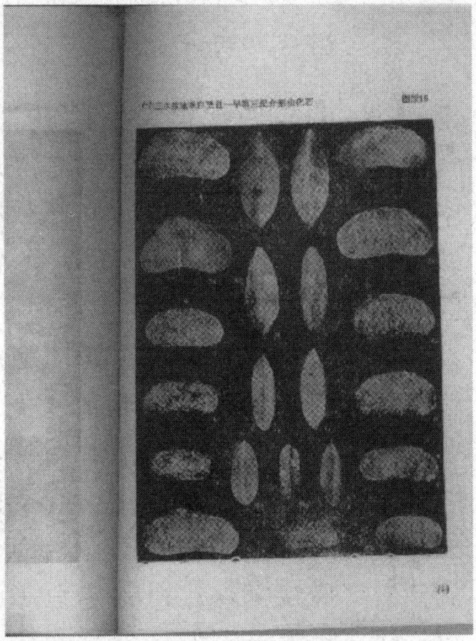
◆介形虫

对于现代的海洋测量来说，介形虫给出的深浅数据似乎是太粗略了，根本无法与现代仪器的精密测量相提并论。但是，介形虫具有测量千百万年前海水深浅的本领，这是任何现代精密测深仪都望尘莫及的。现代测深仪无论多么先进，只能测现代海洋的深浅，对于遥远地质年代的海洋的深浅则无能为力，在漫长的历史进程中，海洋早已发生了巨大的变化。面对这个面目全非的海洋，介形虫却能大显身手，比如地质学家从地中海几千万年前形成的沉积物中，发现了一种叫深海角介，这是只能在大洋里生活的介形虫，而在年代更新的沉积物中，却再也见不到它的踪迹了，由此得知，古地中海曾经是一个大海，与大西洋相通，水深可能达到几千米，以后它又与大洋失去联系，封闭成如今名副其实的被陆地包围着的地中海。在这一点上，介形虫所提供的宝贵数据是无与伦比的。

海洋动物中的“大夫”

海洋动物也会生病，如果它们得了病，到哪里去医治呢？请不要担心，海洋中也设有“医疗站”、“医疗队”，并且还有许多不辞辛劳、手到病除的“医生”哦。

热带海域“医疗站”

有一种叫做彼得松岩的清洁虾，常在鱼类聚集或经常来往的海底珊瑚中间，找到适当的洞穴，办起“医疗站”，全心全意地为海洋动物免费医病。

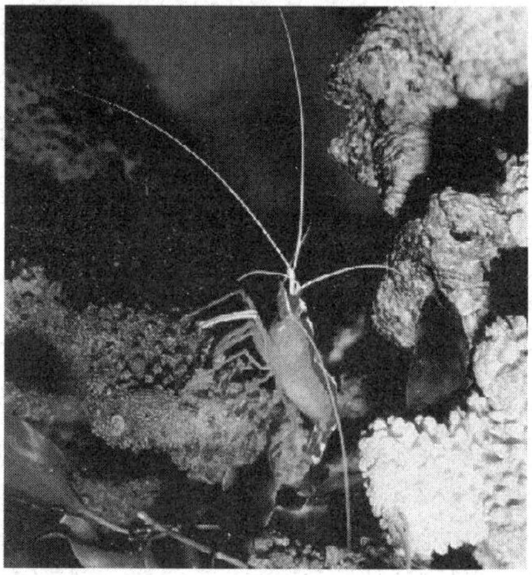
◆彼得松岩

彼得松岩虾在洞口，舞动触须招徕“病员”。清洁虾爬到鱼的身上，像医生一样先察看病情，接着用锐利的“钳”把鱼身上的寄生虫一条条拖出去，然后再清理受伤的部位；为治疗病鱼的口腔疾病，还得钻进鱼的嘴巴里，在一颗颗锋利的牙齿之间穿来穿去，剔除牙缝中的食物残渣；当检查到鱼的鳃盖附近的时候，鱼会依次张开两边的鳃盖让“医生”去捉拿寄生虫；对于鱼身上任何部位的腐烂组织，清洁虾决不留情，会“动手术”彻底切除。在热带海域里，鱼儿的“好医生”——清洁虾，人们已经知道的就有 6 种，如猬虾、黄背猬虾等。

温带海域“医疗队”

温带海域的清洁虾与热带的不同，它们不设立固定的“医疗站”，而是组成流动的“医疗队”，到处“巡回义诊”。

◆彼得松岩虾

由于其外表色彩平淡，貌不惊人，很难引起陌生的生物注意，因此，这些“医疗成员”一旦遇上需要治病的鱼虾“病号”，就毛遂自荐，迎面而上，治病细心熟练，手术干净利落，对不同的患者都是一视同仁，深受

“病号”的欢迎。从此，一传十，十传百，它们的名声就越来越大，求医者也就蜂拥而来，“业务”也就兴旺发达啦。

“卫生所”里的“鱼医生”

海洋中还有“鱼医生”50多种，对海洋生物的保健工作起着非常重要的作用，一条清洁鱼6小时中可以医治300条病鱼呢。

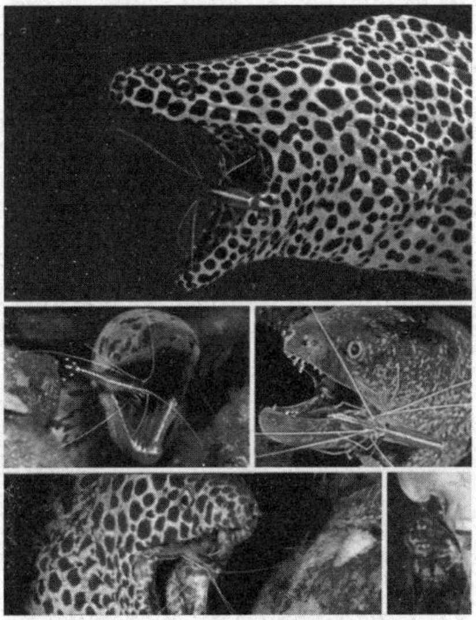

◆清洁蟹爬进鳗鱼嘴觅食物

清洁蟹看上去莽撞冲动，却敢爬进鳗鱼张开的嘴里，从尖牙利齿中寻觅食物。看似清洁蟹已经小命不长危在旦夕，实际上这是一种古老的清洁方式。

清洁虾或鱼等为什么会自愿担当起海洋动物的医疗保健工作呢，从生态学角度理解，这就是生物界的一种互惠现象，即称“清洁性共生”。病鱼需要去除身上的寄生虫、霉菌和积累的污垢，而清洁虾或清洁鱼却由此获得食物，彼此互惠。

新视听——人类的“鱼医生”

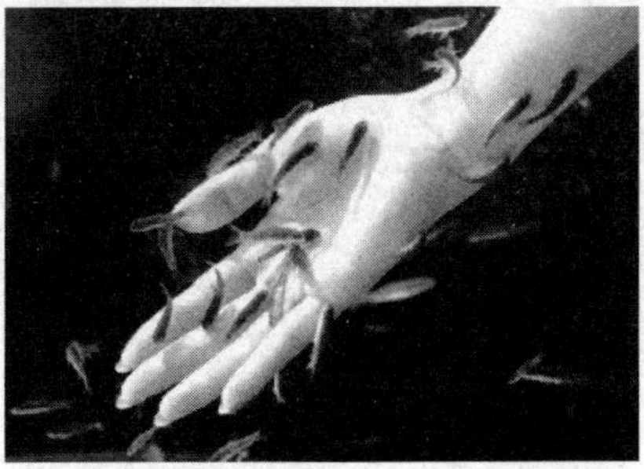

◆人类尝试用“鱼医生”治疗皮肤病

近年来，人们尝试用“鱼医生”治疗皮肤病，居然取得了不错的效果。药物虽然杀死了皮肤表面的病菌，但是有副作用，容易让病菌产生抗药性。而“鱼医生”的嘴巴比药物灵，它们会不断地吸掉患者皮肤表面的死皮和病菌，让病菌无处躲藏。

在日本的一个名为“鱼医生”的新温泉区里，浴疗者把他们的脚伸进一个暖水池中，池中的一条条小鱼就会慢慢啃掉他们脚上的死皮和细菌。这种鱼叫作“淡红墨头鱼”，只有几厘米长，被誉为“治疗诸如牛皮癣等皮肤病的法宝”。浴疗者表示，在享受小鱼温泉的时候，感觉会比较痒，但是并不疼。

拓展思考

1. 海洋动物是怎么识途的呢，是靠体内的什么结构呢？
2. 上网查找这些有趣的“鱼大夫”和“鱼医生”。
3. 人类是如何利用鱼类的这些特异功能的？

洗涮涮，洗涮涮

——分解者

流传在大江南北的花儿乐队的“洗涮涮，洗涮涮”，让年轻人们时常忘情地哼唱……

海洋这个大家庭中，每个成员都有很明确的分工：海洋植物和一些自养微生物是生产者，海洋动物是各级消费者，而大多数的微生物则是分解者。

分解者担当着非常繁重的清洁工作，但是它们每天也快乐地哼唱着“洗涮涮，洗涮涮”，从来没有怨言，从来不会怠工，而是勤劳地年复一年，日复一日地工作着，把海洋这个大家庭的卫生清扫得干干净净，清爽宜人。

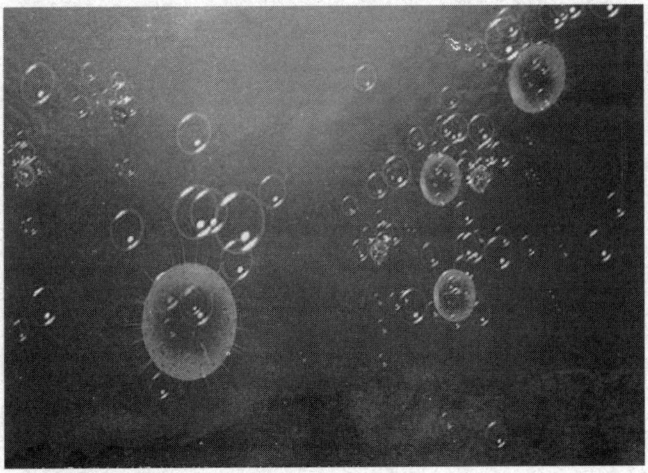

◆海洋微生物

清洁工——海洋微生物

微生物是指那些肉眼看不到而需要借助显微镜观察的微小生物，主要包括原核微生物（如细菌）、真核微生物（如真菌）、藻类和原虫和无细胞生物（如病毒）三大类。微生物体积小，结构简单，生长迅速，适应性强，无论是寒冷的冰川还是酷热的温泉，无论是高耸的山顶还是漆黑的海底，到处都能发现它们的踪迹。

迄今为止，人类发现的微生物大约有150多万种，除了7.2万种存在于陆地外，其余都存在于海洋之中。

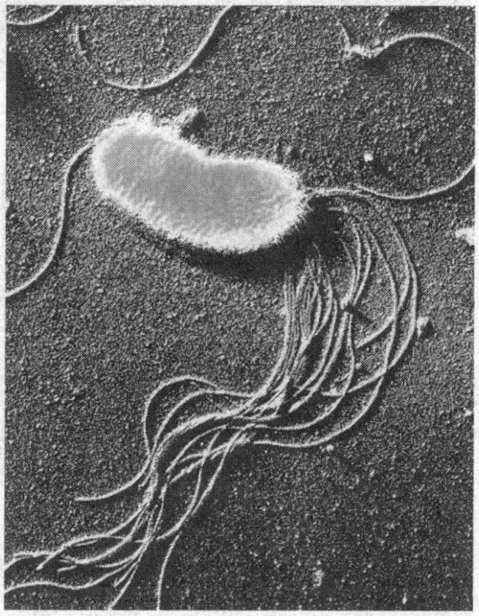

◆细菌

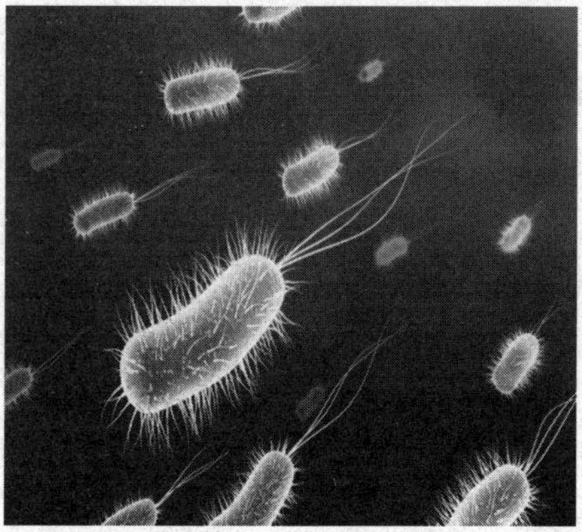

◆带鞭毛的细菌

海洋微生物是指以海洋水体为正常栖居环境的一切微生物。

海水中的细菌以革兰氏阴性杆菌占优势，常见的有假单胞菌属等10余个属；海底沉积土中以革兰氏阳性细菌偏多；芽胞杆菌属是大陆架沉积土中最常见的属。近海区的细菌密度较大洋的大，内湾与河口内密度尤大；表层水的和水底泥界面处细菌密度较深层水的大，一般底泥中的较海

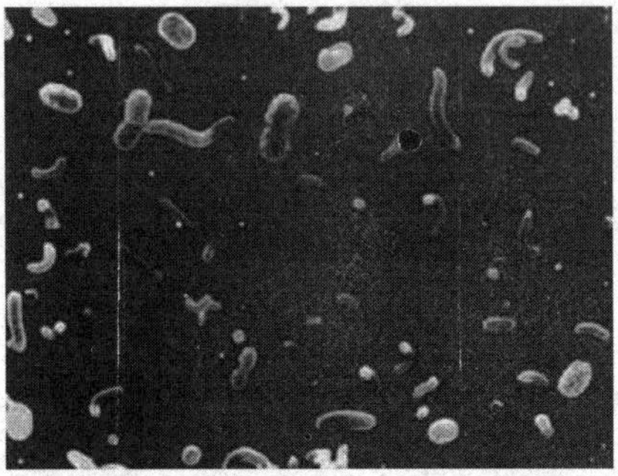
◆显微镜下的细菌

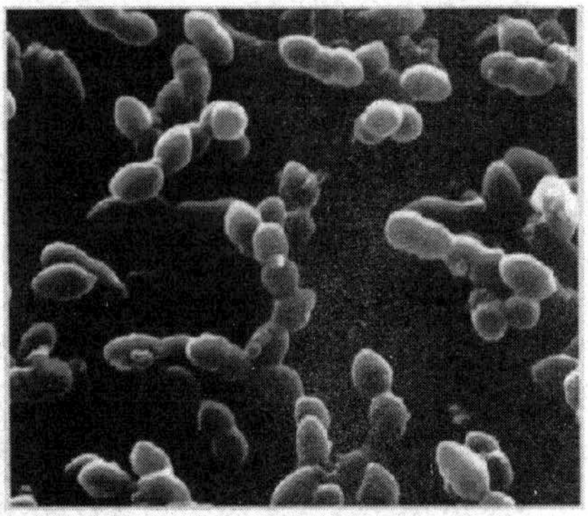
◆细菌

水中的大。

海洋真菌多集中分布于近岸海域的各种基底上，按其栖住对象可分为寄生于动植物、附着生长于藻类和栖住于木质或其他海洋基底上等类群。某些真菌是热带红树林上的特殊菌群。海洋中酵母菌的数量分布仅次于海洋细菌，大洋海水中酵母菌密度为每升5～10个，近岸海水中可达每升几百至几千个。

海洋堪称为世界上最庞大的恒化器，能承受巨大的冲击而仍保持其生命力和生产力，微生物在其中是不可缺少的活跃因素。自人类开发利用海洋以来，竞争性的捕捞和航海活动、大工业兴起带来的污染以及海洋养殖场的无限扩大，使海洋生态系统的动态平衡遭受了严重破坏。海洋微生物以其敏感的适应能力和快速的繁殖速度在不断发生变化的新环境中迅速形成异常环境微生物区系，积极参与氧化还原活动，调整与促进新动态平衡的形成与发展，从长远或全局的效果来看，微生物的活动始终是海洋生态系统发展过程中最积极的一环。

拓展思考

1. 海洋微生物有哪些种类？
2. 细菌和真菌在海洋中是如何分布的？
3. 微生物在海洋生态系统中的作用是什么？

心灵触摸
——海洋微生物的特性

虽然这些微生物微小到肉眼根本看不到，却有着我们意想不到的奇妙。

那就让我们闭上眼睛，用心灵去触摸这些可爱的小生灵，去感受它们的奇特、非凡，去感受它们的机智、勇敢，去感受它们的奉献、无私吧。

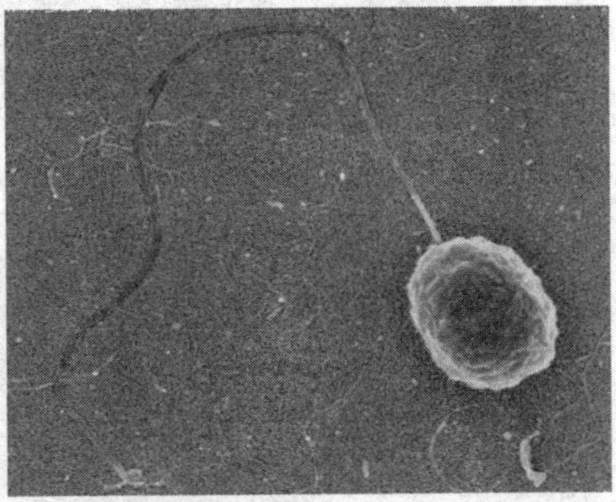
◆副溶血弧菌

与陆地相比，海洋环境以高盐、高压、低温和稀营养为特征，而海洋微生物长期能适应海洋环境，是因为它们具有独具的特性。

1. 嗜盐性：海洋微生物最普遍的特点。海水中富含各种无机盐类和微量元素，海洋微生物的生长必需海水，其中的钠是海洋微生物生长与代谢所必需的，钾、镁、钙、磷、硫等其他微量元素也是某些微生物生长所必需的。

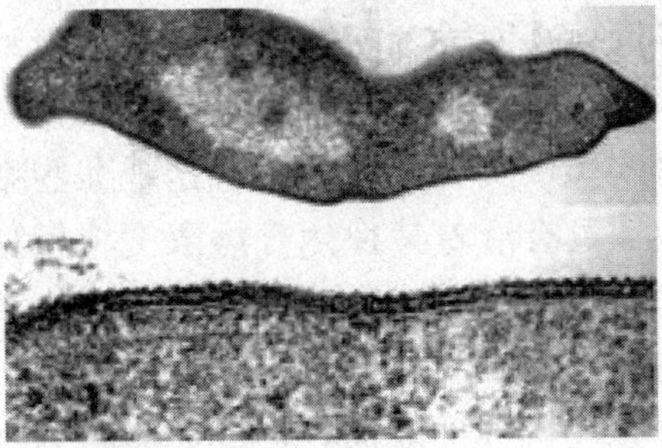
◆嗜盐菌的电镜照片

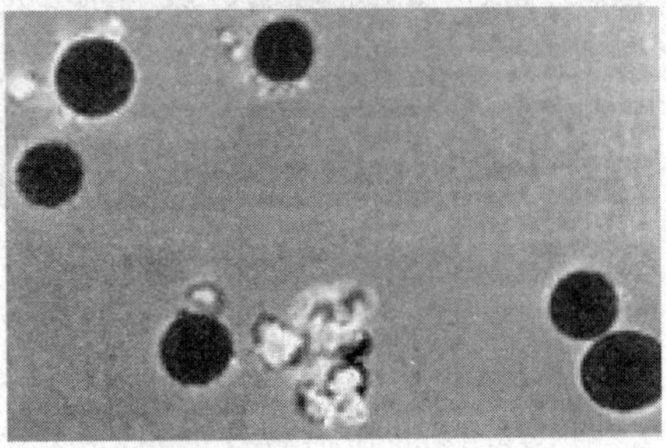
◆嗜冷菌（雪藻）

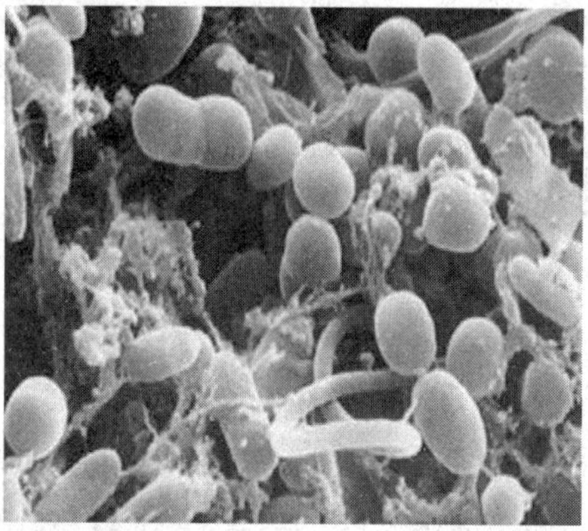
◆海洋细菌

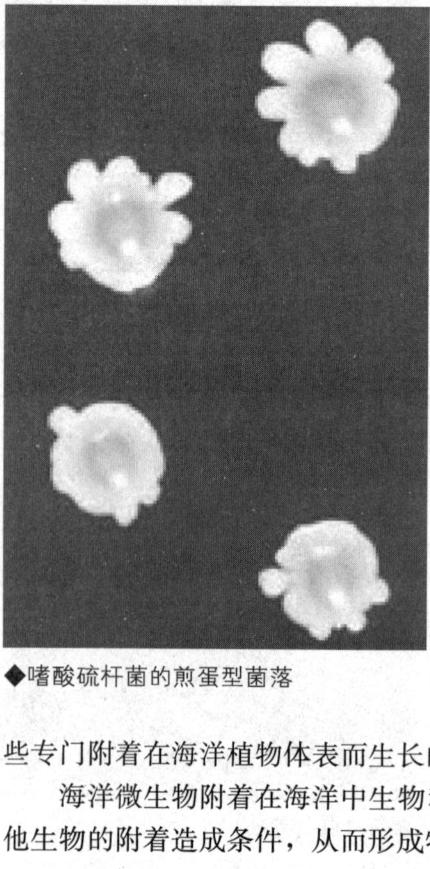
◆嗜酸硫杆菌的煎蛋型菌落

2. 嗜冷性：大约90%的海洋环境温度都在5℃以下，绝大多数海洋微生物的生长要求较低的温度，一般温度超过37℃就停止生长或死亡。

那些能在0℃环境中生长或最适生长温度低于20℃的称为嗜冷微生物，主要分布在极地、深海或高纬度的海域中。严格依赖低温才能生存的嗜冷菌对热反应极为敏感，即使中温就足以阻碍其生长与代谢。

3. 嗜压性：深海水域是一个广阔的生态系统，约56%以上的海洋环境处在100～1100大气压的压力之中。

浅海的微生物一般只能忍耐较低的压力，而深海的嗜压细菌则具有在高压环境下生长的能力，能在高压环境中保持其酶系统的稳定性，所以嗜压性是深海微生物独有的特性。

4. 低营养性：海水中营养物质比较稀薄，大部分海洋细菌适应在营养贫乏的培养基上生长。

5. 趋化性与附着生长：海水中的营养物质虽然稀薄，但海洋环境中各种固体表面或不同性质的界面上吸附积聚着较丰富的营养物。绝大多数海洋细菌都具有运动能力，其中某些细菌还具有沿着某种化合物浓度梯度移动的能力，这一特点称为趋化性；某些专门附着在海洋植物体表而生长的细菌称为植物附生细菌。

海洋微生物附着在海洋中生物和非生物固体的表面，形成薄膜，为其他生物的附着造成条件，从而形成特定的附着生物区系。

6. 多形性：在显微镜下观察细菌形态时，有时在同一株细菌纯培养中可以同时观察到多种形态，如球形、椭球形、大小长短不一的杆状或各种不规则形态的细胞。

这种多形现象在海洋革兰氏阴性杆菌中表现尤为普遍，看来是微生物长期适应复杂海洋环境的产物。

7. 发光性：只有少数几个属的海洋细菌表现发光特性，通常可从海水或鱼产品上分离出来。细菌发光现象是因为对理化因子反应敏感，因此有人试图利用发光细菌作为检验水域污染状况的指示菌。

小知识——发光的乌贼

在黑暗的深海处，最典型的是夏威夷截尾乌贼，寄居在“发光菌”上，因此与它形成了伙伴关系。

这种乌贼有着特殊的发光器官，不仅能发光，还能在感受到光时产生神经信号，还可以控制光的亮度和方向。发光器官就像一只额外配置的眼睛，有自己的“虹膜”和“透镜”，为乌贼的生活带来了很多便利。

◆发光的乌贼

广角镜——寿命最长的细菌

美国宾西法尼亚大学的科学家宣布，在格陵兰岛寒冷的冰层下发现了一种存活时间长达12万年的“超长寿”细菌。这种细菌之所以能够在经历了如此漫长的岁月后存活下来，是因为它们所处的环境就像是一座天然储存库——位于冰层下3.5千米处，常年保持着低温、高压和缺氧状态。

生物学家们认为，这种生物的出现再次证明了地球上的生物具有多么令人感到惊奇的多样性。新发现的微生物被称为格陵兰金黄杆菌。它之所以能够在异常严酷的环境中存活下来，与其特殊的身体构造和奇特的周围微环境密不可分。首先，细菌外形虽然非常小，但体表与外界的接触率却相对较大，从而能够更有效地从外界吸收营养物质；其次，微小的外形也使得它们能够更容易地躲避捕食者的攻击，从而尽可能地生存下去；最后，细菌的周围包裹着一层由液体水形式构成的特殊微型薄膜，维持其生存所需的氧气，氢气、甲烷和其他气体都可从周围的气泡散播到薄膜之中，为它们提供足够的食物来源维持生命。

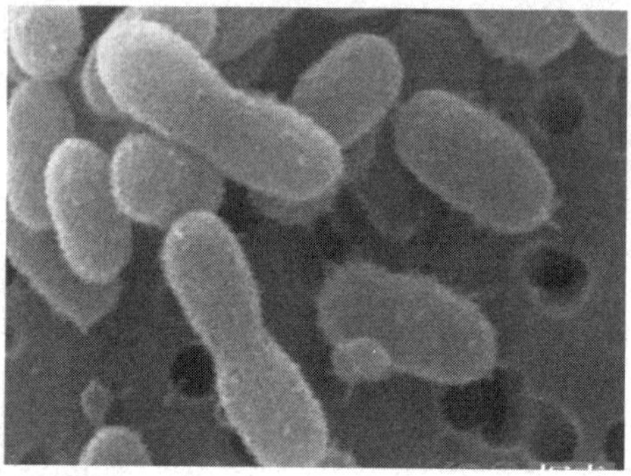
◆细菌

广角镜——原细菌化石

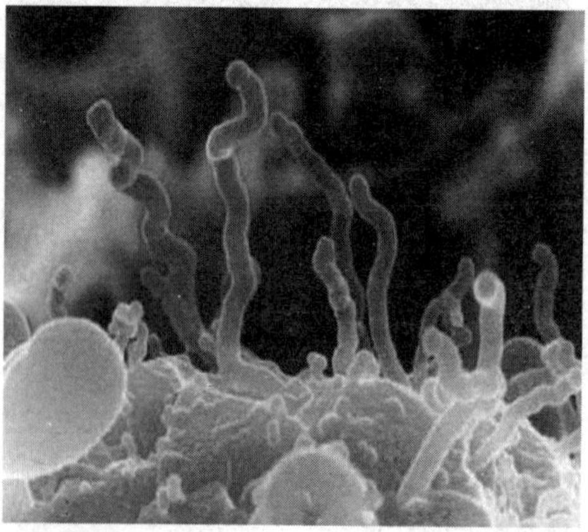
◆原细菌化石

原细菌（Eobacterium）

时代：31 亿年前

化石产地：南非

该化石发现于瓮福瓦赫特群之上的地层，称无花果群，同位素年龄为 31 亿年左右，是最早类似细菌的生命形式之一。在黑色燧石层中被发现的这些化石可视为微生物形态——可能是一种杆状的菌结构。它们有双层膜结构，可能是最原始的光合器，因此它们已经是自养生物。与今天的绿色植物不同，它们的光合作用是以硫化氢作为氢源，光合产物有硫而没有氧。

化腐朽为神奇
——海洋微生物的作用

“浓缩的都是精品”，海洋微生物虽然微小，但是作用不容忽视。在如此庞大的海洋家族中，设想没有这些微小的似乎可以没有的生物，那将会是什么情景呢？

可以说，微生物在维持海洋生态系统正常运转中功不可没。

◆海洋生态系统

分解者在任何生态系统中都是不可缺少的组成成分，它的基本功能是把动植物死亡后的残体分解为比较简单的化合物，最终分解为无机物，并把它们释放到环境中去，供生产者再次重新吸收和利用。

分解者除了细菌、真菌，还有一些以动植物残体和腐殖质为食的动物，在物质分解的总过程中也发挥着不同程度的作用，如沙蚕、海蚯蚓和刺海参等。有人把这些动物称为大分解者，而把细菌和真菌称为小分解者。

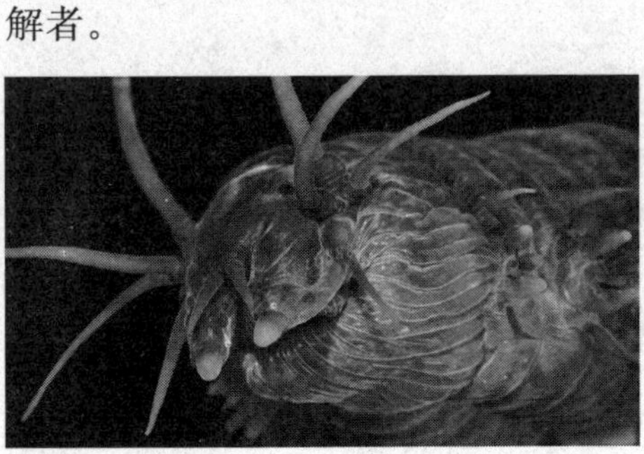

◆沙蚕

沙蚕

沙蚕俗称海虫、海蛆、海蜈蚣、海蚂蝗。沙蚕在潮间带极为常见，也见于深海，在岩岸石块下、石缝中、海藻丛间，以及珊瑚礁或软底质中均为占优势的无脊椎动物。幼虫食浮游生物，而成虫以腐殖质为食。

海蚯蚓

海蚯蚓全体呈弯曲的扁圆柱形，前端粗，后端细，形似蚯蚓。体暗绿色，表面具环纹及深褐色条纹，自第5节开始，共17个刚毛节，疣足退化，背肢为圆锥状突起，有一束细长刺状刚毛。气腥，味咸。

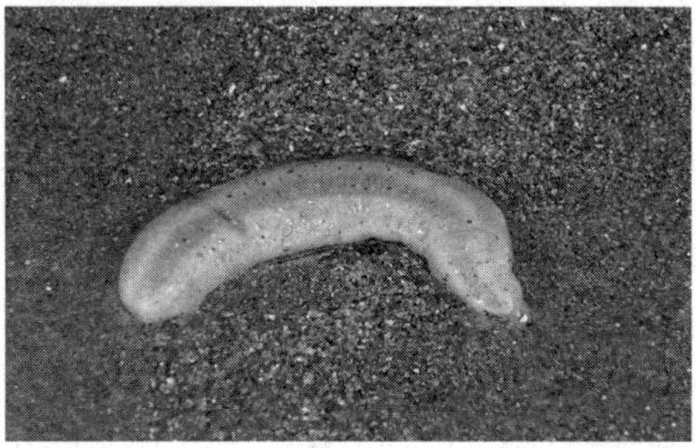

◆海蚯蚓

◆刺海参

刺海参

刺海参体呈圆筒状，前端口周生有20个触手，背面有4～6行肉刺，腹面有3行管足。体色黄褐、黑褐、绿褐、纯白或灰白等。喜栖水流缓稳、海藻丰富的细沙海底和岩礁底。夏季水温高时进入夏眠，环境不适时有排脏现象，再生力很强，损伤或被切割后都能再生。杂食性，也可以摄食藻类碎屑。

这些动物也在海洋生态系统中起着分解者的重要作用，把复杂的有机物分解为简单的无机物，归还到环境中供生产者重新利用。

总之，分解作用的意义主要在于维持海洋生产和分解的平衡。

危机四伏与人类的救赎

——影响海洋生态的因素

21 世纪后，海洋还能造福人类多久？波澜不惊的海面，真的那么平静吗？听听，印度洋海啸的死亡人数 30 万，看看，海面上那成片成片的赤潮，危机四伏，不知道它会在哪个时间，哪个地方发生、发展、蔓延，而我们人类该做些什么，来预防危机的发生，来拯救我们的家园？

蔚蓝海洋的美丽和哀愁，你知道多少……

◆美丽的海洋

警钟长鸣
——海洋生态安全

“安全”这个字眼，我们是多么的熟悉，上班上学的路上要注意安全，出外旅游要注意安全，日常饮食要注意安全，你知道海洋生态也要注意安全吗？不妨随我们去了解一下，你会有意想不到的收获。

◆在印度洋取到的活的硫化物烟囱体

炙手可热的海洋资源

◆巍然耸立的渤海海上石油平台

海洋覆盖地球表面的70%，相对于陆地来说这是一个广袤的“神秘空间”。海水中的盐分能覆盖地面厚达80米；就是海水中的“微量元素”黄金也够全世界每人分到1000克；石油与天然气资源，虽然目前陆地上有，但是最终人类还是要向海洋要油气；热液硫化物贵金属矿床，在国际上已炒得非常热；海底多金属结核，各国也不惜血本在公共海底勘探圈地；还有炙手可热的海底“可燃冰”，作为未来的能源，估算其储量比已经探明的石油、天然气、煤炭等化石资源高6～7倍。

还有海洋环境，更是全人类共同关注的问题，上善若水，利万物而不

◆中国海军新型驱护舰队

争，纳污垢而不怨，人类的生活垃圾、工业废料、化肥农药，大都通过河流带进了海洋；地球上产生的二氧化碳，海洋吸收接近50%。总体上说来，空间、资源、环境、技术、产业，都是当今社会对海洋提出的新命题，谁抢占了海洋科技的制高点，谁就率先占领了海洋空间，谁就控制了未来的战略资源，控制了未来的国防安全。

但是前提条件是要确保海洋生态的安全。海洋生态安全是海洋可持续发展的核心。我国海洋生态安全法律保障体系包括：一是通过修订基本法确立我国海洋生态安全保护法律制度，完善法规体系；二是建立海域开发、利用和保护的综合管理制度；三是加快我国海洋生物多样性保护方面的立法，建立和完善海洋生物资源保护法规体系；四是制定沿海地区防灾减灾法，建立海洋生态安全预警系统。

危机在即的海洋环境

海洋环境问题包括两个方面：一是海洋污染，即污染物质进入海洋，超过海洋的自净能力；二是海洋生态破坏，即在各种人为因素和自然因素的影响下，海洋生态环境遭到破坏。

◆海洋污染造成死鱼成片

海洋污染

海洋污染物绝大部分来源于陆地上的生产过程。工业生产过程中排出的废弃物是海洋污染物的主要来源，集中在大型港口和工业城市附近。

1953～1970年，日本九州岛水俣湾发生的汞污染事件，就是因为工厂在生产有机产品过程中，排出含有汞的废物，流入海洋后，逐渐在鱼和贝类体内富集，最后导致100多人严重中毒，并先后死亡。

核电站和工厂排出的冷却水水温较高，流入河口或海中时，往往给海洋生物带来影响；施入农田的杀虫剂随雨水流进河流，或者随土壤颗粒在河口附近淤积，最终进入海洋造成污染；偶发性的海上石油平台和油轮事故，引起石油渗漏和溢出，造成海洋污染。

海洋生态破坏

人类的生产活动例如工程建设和渔业生产，自然环境的变化例如全球气候变暖和海平面上升，都会使海洋生态环境遭到破坏和改变。

◆日本东京市场里，一名鱼贩用板车搬运冰冻金枪鱼

人类对海洋生物的过度捕捞，导致生物资源数量急剧减少，也使部分物种濒临灭绝；有些海岸工程建设和围海造田缺乏科学论证，破坏了海岸环境和海岸带生态系统。

目前，海洋开发活动还缺乏综合的、长远的规划，综合效益比较差，需要用我们的智慧，高新的科技，科学的方法，本着可持续发展的原则，合理有效地开发利用海洋资源。

浩瀚蔚蓝的海洋是地球的“生命摇篮”，蕴藏着大量我们人类赖以生存的宝藏。为了人类子孙万代的幸福，我们要珍惜和保护海洋，防治海洋污染。

◆海洋环境被破坏的漫画

地球的终极毁灭者
——海啸

我国明朝的杨慎在《古今谚·吴谚楚谚蜀谚滇谚》这样写道："山抬风雨来，海啸风雨多。"

海啸号称地球的终极毁灭者，是地球上最强大的自然力，所过之后无不给人类留下难以磨灭的伤痛。面对灾难，我们痛哭，哭泣过后是否思索过：引发灾难的原因是什么？"人定胜天"的先决条件是什么？

◆海啸

地球上最强大的自然力——海啸

当地震发生于海底，因震波的动力而引起海水剧烈的起伏，形成强大的波浪，向前推进，将沿海地带淹没的灾害，称之为海啸。海底火山爆发、土崩及人为的水底核爆也能造成海啸；陨石撞击也会造成海啸，而且在任何水域也有可能发生，不一定在地震带，不过这种可能千年才会发生一次。

◆印度洋海啸袭击沿海城市

地震发生时，海底地层发生断裂，部分地层出现猛然上升或者下沉，由此造成从海底到海面的整个水层发生剧烈"抖动"，"啸"就是一种具有强大破坏力的海浪。海啸产生的波浪，在深海的速度能够超过每小时700千米，可轻松地与波音747飞机保持同步。虽然速度快，但在深水中海啸并不危险，是静悄悄地不知不觉地通过海洋，然而出乎意料地在浅水中就会达到灾难性的高度。

目前，人类对地震、火山、海啸等突如其来的灾变，只能通过观察、预测来预防或减少它们所造成的损失，但还不能阻止它们的发生。

因果宿命——海啸起因

水下地震、火山爆发或水下塌陷和滑坡等激起的巨浪，在涌向海湾内和海港时所形成的破坏性的大浪称为海啸。

◆海啸

在一次震动之后，震荡波在海面上以不断扩大的圆圈，不管海洋深度如何，波都可以传播过去，海啸在海洋的传播速度大约每小时500～1000千米，而相邻两个浪头的距离也可能远达500～650千米。当海啸波进入陆棚后，由于深度变浅，波高突然增大，它的这种波浪运动所卷起的海涛，波高可达数十米，并形成“水墙”。

知识介绍——海啸的形成

◆海啸袭击泰国普吉岛阙迪度假村

海啸来袭前，海水为什么先是突然退到离沙滩很远的地方，一段时间之后才重新上涨？

大多数情况下，出现海面下落的现象都是因为海啸冲击波的波谷先抵达海岸。波谷就是波浪中最低的部分，如果先登陆，海面势必下降；同时海啸冲击波不同于一般的海浪，其波长很长，因此波谷登陆后，要隔开相当一段时间，波峰才能抵达。另外，这种情况如果发生在震中附近，那可能是另一个原因造成的：地震发生时，海底地面有一个大面积的抬升和下降。这时，地震区附近海域的海水也随之抬升和下降，然后就形成了海啸。

海啸的类型

◆智利地震引发海啸过后一片狼藉

◆日本海啸后的救援工作

海啸可分为4种类型：气象变化引起的风暴潮、火山爆发引起的火山海啸、海底滑坡引起的滑坡海啸和海底地震引起的地震海啸。

海啸是海底发生地震时，海底地形急剧升降变动引起海水强烈抖动，机制有两种形式："下降型"海啸和"隆起型"海啸。

"下降型"海啸：地震引起海底地壳大范围的急剧下降时，海水首先向突然错动下陷的空间涌去，并在其上方海水大规模积聚，当涌进的海水在海底遇到阻力后，随即返回海面产生压缩波，形成长波大浪，并向四周传播与扩散。这种下降型的海底地壳运动形成的海啸在海岸首先表现为异常的退潮现象，如1960年智利地震海啸。

"隆起型"海啸：地震引起海底地壳大范围的急剧上升时，海水也随着隆起区一起抬升，并在隆起区域上方出现大规模的海水积聚，在重力作用下，海水必须保持一个等势面以达到相对平衡，于是海水从波源区向四周扩散，形成汹涌巨浪。这种隆起型的海底地壳运动形成的海啸波在海岸首先表现为异常的涨潮现象，如1983年5月26日，日本海7.7级地震引起的海啸。

小资料——怒吼的巨浪

智利是太平洋板块与南美洲板块相互碰撞的俯冲地带，处在环太平洋火山活动带上，自古以来，这里火山不断喷发，地震连连发生，海啸频频出现，灾难时常降临。

1960年5月21日凌晨开始，在智利的蒙特港附近海底，突然发生了世界地震史上罕见的强烈地震。大小地震一直持续到6月23日，在1个多月的时间内，先后发生了225次不同震级的地震。

海啸的危害

地震海啸给人类带来的灾难是十分巨大的。剧烈震动之后不久，巨浪呼啸，以摧枯拉朽之势，越过海岸线，越过田野，迅猛地袭击着岸边的城市和村庄，瞬时人们都消失在巨浪中；港口所有设施，被震塌的建筑物，在狂涛的洗劫下，被席卷一空。事后，海滩上一片狼藉，到处是残木破板和人畜尸体。

◆泰国普吉岛靠近巴东海滩的一条大街上到处都是损毁的汽车和各种各样的垃圾

纪实——世界上最早的海啸

我国学者发现，在公元前47年（西汉初元二年）和公元173年（东汉熹平二年），就记载，有莱州湾和山东黄县海啸。这些记载曾被国外学者广泛引用，并认为是世界上最早的两次海啸记载，全球的海啸发生区大致与地震带一致。

全球有记载的破坏性海啸有 260 次左右，平均大约六七年发生一次。发生在环太平洋地区的地震海啸就占了约 80%，而日本列岛及附近海域的地震又占太平洋地震海啸的 60%左右，日本是全球发生地震海啸并且受害最深的国家。

◆日本千岛群岛附近发生里氏 8.1 级地震

最近较大规模的海啸

2004 年 12 月 26 日，于印度尼西亚的苏门达腊外海发生 9 级海底地震，海啸袭击斯里兰卡、印度、泰国、印度尼西亚、马来西亚、孟加拉、马尔代夫、缅甸和非洲东岸等国，造成三十余万人丧生，准确死亡数字已无法统计。

1998 年 7 月两次 7.0 级的海底地震，造成巴布亚新几内亚约 2100 人丧生。

1992 年 9 月尼加拉瓜发生海啸。

1883 年 8 月 25 日，东印度群岛上火山爆发，引起的海啸，使 3.6 万人死亡。

百余年最大的海啸

▲1883 年，印度尼西亚喀拉喀托火山爆发，引发海啸，使印度尼西亚苏门答腊和爪哇岛受灾，3.6 万人死亡。

▲1896 年，日本发生 7.6 级地震，地震引发的海啸造成 2 万多人死亡。

◆泰国普吉岛海啸袭击过后的海滩一片狼藉

◆印度洋大海啸

▲1906 年，哥伦比亚附近海域发生地震，引发的海啸使哥伦比亚、厄瓜多尔一些城市受灾。

▲1960 年，临近智利中南部的太平洋海底发生 9.5 级地震（有史以来最强烈的地震），并引发历史上最大的海啸，波及整个太平洋沿岸国家，造成数万人死亡，就连远在太平洋东边的日本和俄罗斯也有数百人遇难。

▲1992 年至 1993 年共 10 个月里，太平洋发生 3 次海啸，造成 2500 多人丧生。

先知先觉——海啸预警

目前，人类对地震、火山、海啸等突如其来的灾变，只能通过预测、观察来预防或减少它们所造成的损失，因为地震波沿地壳传播的速度远比地震海啸波运行速度快，所以海啸是可以提前预报的。

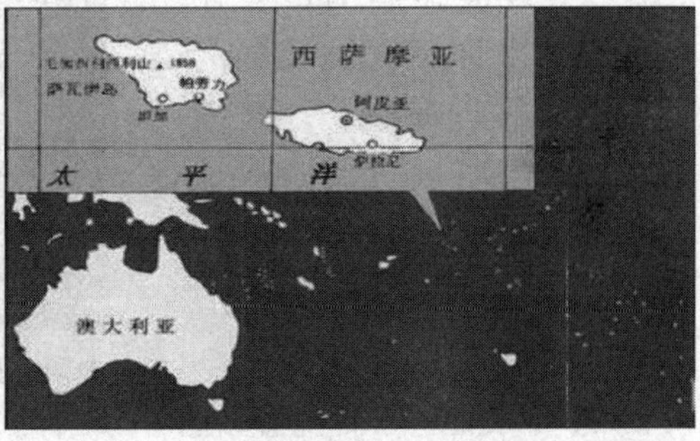

◆太平洋 7.8 级强震日本有震感海啸预警发布

海啸预警的物理基础在于地震波传播速度比海啸的传播速度快。地震纵波的传播速度约为每秒 6～7 千米，比海啸的传播速度要快

◆泰国进行大规模海啸预警练习

20～30 倍，所以在远处，地震波要比海啸早到达数十分钟乃至数小时，具体数值取决于震中距离和地震波与海啸的传播速度。例如，1960 年智利特大地震激发的特大海啸 22 小时后才到达日本海岸。

1964 年国际上成立了全球海啸警报系统协调小组，太平洋由于海啸多发，所以海啸预警系统很发达。2004 年 12 月 26 日，在印度尼斯亚苏门答腊岛发生了印度洋海啸，引发的大地震在发生 15 分钟后太平洋海啸预警中心就从檀香山分部向参与联合预警系统的 26 个国家发布了预警信息。如果印度洋也有预警系统，也许人们就可以更好地利用从震后到海啸登陆印度洋沿岸的宝贵时间。

海啸自救

要是人们旅游出行时遇到海啸该怎么办呢？

一、地震是海啸最明显的前兆。如果你感觉到较强的震动，不要靠近海边、江河的入海口。如果听到有关附近地震的报告，要做好防海啸的准备，注意电视和广播新闻。要记住，海啸有时会在地震发生几小时后到达离震源上千公里远的地方。

◆印度尼西亚首都雅加达，人们在地震防范演习中练习保护自己

二、海上船只听到海啸预警后应该避免返回港湾，海啸在海港中造成的落差和湍流非常危险。如果有足够时间，船主应该在海啸到来前把船开

到开阔海面；如果没有时间开出海港，所有人都要撤离停泊在海港里的船只。

三、海啸登陆时海水往往明显升高或降低，如果你看到海面后退速度异常快，应立刻撤离到内陆地势较高的地方。

四、每个人都应该备有一个急救包，里面应该有足够 72 小时用的药物、饮用水和其他必需品。这一点适用于海啸、地震和一切突发灾害。

◆万莲防灾应急包

拓展思考

1. 你能给你的朋友解释海啸形成的原因吗？

2. 海啸可以分为哪几种类型？

3. 上网查找一下今年在哪里发生了海啸，这些海啸都给人类带来了怎样沉重的灾难？

4. 外出旅游时遇到海啸，你知道该如何自救吗？

你的柔情我无法承受
——水体污染

人类赖以生存的水资源，正如歌里所唱的“你的柔情我无法承受”。生活污水，工厂废水，各种农药，垃圾等，正被人们肆无忌惮地投放到我们的江河湖泊。

母亲河在哭泣，由最初的呜咽，到现在的痛哭，你听到了没有啊？你流泪了没有呢？你行动了没有啊？用你的双手拭去母亲眼角的泪水，用你的臂膀拥紧母亲日渐瘦弱的身躯。让我们行动起来吧！

◆三门峡库区水面上漂浮着的腐草和生活垃圾

水体污染

◆河面的垃圾

水体污染是指一定量的污水、废水、各种废弃物等污染物质进入水域，超出了水体的自净和纳污能力，从而导致水体及其底泥的物理、化学性质和生物群落组成发生不良变化，破坏了水中固有的生态系统和水体的功能，从而降低水体使用价值的现象。

造成水体污染的因素是多方面的：向水体排放未经过妥善处理的城市生活污水和工业废水；施用的化肥、农药及城市地面的污染物，被雨水冲刷，随地面径流进入水体；随大气扩散的有毒物质通过重力沉降或降水过程而进入水体等。其中第一项是水体污染的主要因素。

20 世纪 70 年代后，随着全球工业生产的发展和社会经济的繁荣，大量的工业废水和城市生活污水排入水体，使得水体污染日益严重。

几组触目惊心的水体污染照片

第一组：太湖

太湖，横跨江浙，是我国第三大淡水湖。就其优越的地理位置、富饶的物产和秀丽的自然风光来说，可称五大淡水湖之冠。它发挥着蓄洪、灌溉、航运、供水、水产养殖、旅游等多方面功能，同时也是无锡市、苏州市等地的主要饮用水源。

◆太湖污染

近 10 年来，太湖富营养化程度不断加重，已严重影响到人民的日常生活，制约了流域的经济发展；养鱼、水运和旅游业等湖内的各种

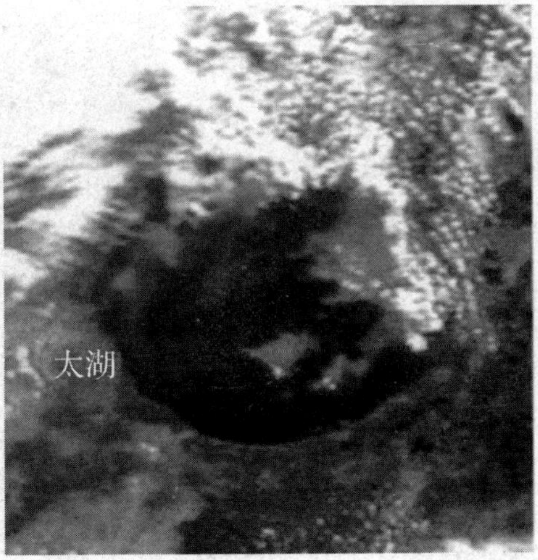

◆2007 年太湖水体监测图

其他开发活动，也使污染物发生量呈直线上升。

第二组：滇池

自从20世纪90年代滇池富氧化以来，滇池的蓝藻每年都定时出现，这不是一个新问题，至今未解决。蓝藻的出现和环境、温度等有很大关系，因此每年的危害程度都有所不同，历史上以1999年和2001年的危害最为严重。

◆滇池蓝藻

◆松花江污染

第三组：松花江

2005年，吉林石化发生爆炸，向松花江排放苯类污染物高达100吨，水源地断面硝基苯浓度超过国家标准30.1倍，由此松原市全市停水7天，哈尔滨停水4天。

第四组：白洋淀

继2000年“死鱼事件”后，2006年有“华北明珠”之称的白洋淀水域，破冰后又出现大面积鱼类的死亡。经监测分析，主要是水体污染较重，水中溶解氧过低，造成鱼类窒息死亡。

◆白洋淀的死鱼

造成水体污染的主要原因：一是保定市及有关县市污水处理厂建设严重滞后，大量未经处理的工业和生活污水直接进入白洋淀；二是整个城县造纸业发展失控，污水排放量已增加至每天8万吨，只有3万吨经过集中处理，其余5万吨只是经过厂区简单处理就排入漕河；三是白洋淀水位长年偏低，且当年补水较晚；四是部分企业环保意识淡薄，存在偷排偷放污

染物的问题。

处处危机，提高警惕

◆一条游船穿过一片污染物驶向三门峡大坝

我国是世界13个缺水国家之一，全国600多个城市中目前大约一半的城市缺水，水污染的恶化更使水短缺雪上加霜。我国江河湖泊普遍遭受污染，全国75%的湖泊出现了不同程度的富营养化；90%的城市水域污染严重，南方城市总缺水量的60%～70%是由于水污染造成的；对我国118个大中城市的地下水调查显示，有115个城市的地下水受到污染，其中重度污染的约占40%。

◆惜水，爱水，节水，从我做起

水污染降低了水体的使用功能，加剧了水资源短缺，对我国可持续发展战略的实施带来了负面影响。

污水治理的措施

我国污水治理目前采用的方法：物理净化、化学净化和物理化学净化，除此之外，还采取了一些强制措施，就是对污染重、成本高、效益低的15项小企业禁止其生产或关闭，还对符合国家严禁政策的项目采取了环保审批制度，进行严格把关：对有污染的项目采取“三同时”制度，即与主体工程同时设计，同时施工，同时投产使用。还有大兴植树造林，鼓励全社会人人节水等。

◆节约用水人人有责

我们要以自己的实际行动保护环境，最简单易行的就是从自己做起，注意节约用水，比如：1. 用完水后就随时关掉水龙头；2. 看到没关好的水龙头要随时关好；3. 把洗菜水来浇花、涮拖把、冲厕所；4. 洗衣水洗拖把、拖地板，再冲厕所。

再比如：1. 洗菜时一盆一盆地洗，不要开着水龙头冲洗，这样一餐饭可节水50千克；2. 淋浴时关掉龙头擦香皂，洗一次澡可节水60千米；3. 手洗衣服用洗衣盆洗、清衣服，则每次洗、清衣服比开着水龙头洗节省水200千克等等。

展望实际

水是生命之源，我国是水资源匮乏地区，地下水8300亿立方米，我国淡水资源人均占有量只占世界人均水平的四分之一，因此水的开发利用，直接关系到国民经济的发展，珍惜每一滴水是每一位公民不可推卸的责任。

总之，从自身做起，注意节约每一滴水，天长地久，日积月累，也是一个不小的数字，同时这也是对保护环境、拯救地球作贡献。

小知识

第 47 届联合国大会将每年 3 月 22 日确定为“世界水日”。

“世界水日”呼唤地球的儿女要珍惜每一滴水。一些国家已经行动起来，采取了推广节水技术、植树造林等多种措施，以便更好地开源节流，提高水资源的利用率。

拓展思考

1. 你身边的江河湖泊有污染的现象吗？
2. 你参观过污水处理厂吗？有哪些心得体会呢？
3. 请你给环保局提出几条污水处理的合理化建议。

水体富营养化
——生活污水

虽然生态系统有一定的自动调节能力，可是这个能力是有限的，超过了这一限度，将会引发一系列生态环境被破坏的问题。

◆每天 2 万吨生活污水流入大海

我们赖以生存的水体，会因为日益严重的生活污水的肆意排放，造成水体营养过剩而引发环境污染。或许你不以为然，那就请到城市的护城河去看看……到我们的母亲河去看看，给你的震撼就不需要我们来说了。

◆旬阳生活污水直排口

生活污水是指城市机关、学校、单位和居民在日常生活中产生的废水，包括厕所粪尿、洗衣洗澡水、厨房等家庭排水以及商业、医院和游乐场所的排水等。

人类生活过程中产生的污水，是水体的主要污染源之一，其中主要是粪便和洗涤污水。城市每人每日排出的生活污水量为150～400升，当然其量与生活水平有密切关系。生活污水中含有大量有机物，如纤维素、淀粉、糖类、脂肪和蛋白质等；也常含有病原菌、病毒和寄生虫卵；还含有无机盐类的氯化物、硫酸盐、磷酸盐、碳酸氢盐和钠、钾、钙、镁等。

生活污水的特点是含氮、硫和磷，在厌氧细菌作用下，易生恶臭物质。

赤潮的形成及危害

水体富营养化作用，是藻类在海湾大量繁殖形成赤潮的主要原因。

当水中含氮、磷元素过多时，藻类等浮游生物会暴发性地增殖、夺取水中溶解氧，而藻类代谢死亡又导致水体腐败，散发鱼腥味、霉腐味的恶臭，使鱼虾大量死亡，漂浮在水面引起水体严重缺氧。有机废水在高温气候条件的光照作用下形成赤潮或红潮，在淡水湖泊则形成水华。

◆厦门出现赤潮

赤潮增值的计算

赤潮增殖的量可通过测定浮游生物初级生产量来估算，它对水体环境质量评价和水产资源合理开发利用具有重要意义。

比较简易的方法是用黑白瓶测氧法，具体步骤是将其中的一个被黑布遮光的黑瓶是完全不受光的照射，而另一个白瓶是在完全光照下。黑瓶中的藻类进行呼吸作用消耗水中一定数量的溶解氧，而白瓶中的藻类进行光合作用则会使水中的溶解氧增加。通过黑白两瓶之间溶解氧之差，即可计算出该水体中藻类总生产量、净生产量和呼吸量。

◆浙江玉环海域发生条带状的赤潮

赤潮的特点是来势凶猛且持续时间长，其后果是海水水质恶化，对水产业和养殖业造成巨大损失，并危害沿海居民健康和渔民作业。

赤潮灾害完全是人类生产生活中不注重保护生态环境的行为造成的。如果人们仍不采取有效措施保护海洋生态环境，重视环境保护人才的培养和使用，普及生态环境保护知识的话，当年的赤潮过去，第二年的赤潮还会卷水重来，甚至发生的频率及其危害程度会逐年加大。

黑潮的形成及危害

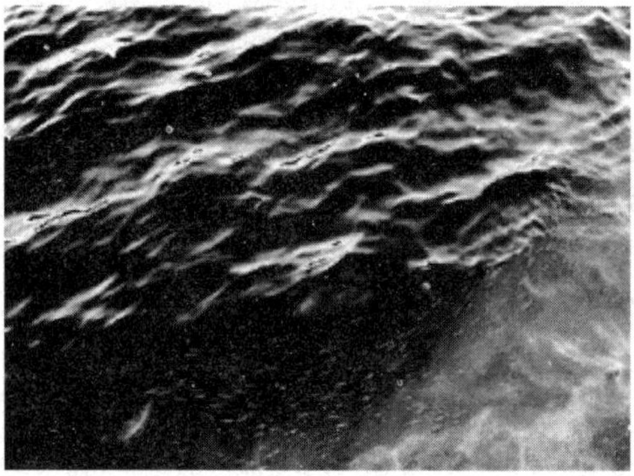

◆黄色的海水，红色的海水和远处黑色的海水以及正常的蓝色海水，呈现出明显的界线

海面有时会出现黑白或黑绿白色的混浊现象，称为黑潮，是由于存在于底层的缺氧水团向沿岸涌升所致。

在有氧状态下，有机物的分解是在好氧菌的作用下，最终被分解为二氧化碳；在无氧或厌氧状态下，厌氧菌将有机物分解停留在有机酸阶段，时间较长造成有机酸在水中积蓄，水中还原菌大量增殖形成硫化氢，当缺氧底层水涌升时，水中的硫化氢被上层水中的氧所氧化，形成胶体硫，并导致形成黑潮。

实际上赤潮与黑潮是相关联的，黑潮是赤潮的晚期阶段。黑潮发生时，在缺氧的影响下，鱼类因不能有效呼吸而死亡，这不仅影响海洋生物生存，也给渔业生产、海洋经济造成了重大损失。

小资料：生物富集现象

生物富集又称生物浓缩，是生物有机体或处于同一营养级上的许多生物种群，从周围环境中蓄积某种元素或难分解化合物，使生物有机体内该物质的浓度超过环境中的浓度的现象。

生物富集与食物链相联系，如自然界中一种有害物质被草吸收，虽然浓度很低，但兔子吃了这种草后，有害物质很难排出体外，便逐渐在它体内积累；而老鹰以吃兔子为生，于是有害物质又会在老鹰体内进一步积累。这样食物链对有害物质有累积和放大的效应，就是生物富集的直观表达。

人喝了被污染的水或吃了被水体污染的食物，就会对健康带来危害。因为污染物排入水体后，水生植物、动物就会慢慢对其吸收并在体内有所积累，形成生物富集现象。如果是急性中毒则会使生物很快死亡，自然会引起人们的注意；但是许多情况下水体中毒则是慢性的，往往不能引起人们的注意，如果人吃了这些食物，会使毒物在人体内进一步积累，长期下去人们得病则属必然。

◆伊拉克一名妇女抱着她的患肠胃炎的2岁男孩，当地医生认为由水污染造成

另外，水体中还含有一些可致癌物质。据统计，水污染引发的癌症死亡率20世纪90年代比30年前高出1.45倍，饮用受污染水体的人群，癌症（主要是指肝癌和胃癌）的发病率比饮用清洁水的高61.5%左右。

◆工作人员正在对汉江安康断面水质进行监测

目前对生活污水的处理，根据来源不同，处理方法有所区别：

1. 针对农村生活污水，可进行以下处理：生活污水→化粪池→厌氧池→人工湿地，主要适用于农村分散生活污水处理。

2. 针对城市生活污水，可进行以下处理：将城市生活污水输送到城市周围的农村，利用农村广阔的土地来净化城市生活污水。

浪费可耻——石油污染

◆被石油污染的海面泛着黑色光芒

我们的生活水平在提高，汽车越来越多，已经进入中国普通百姓家庭。

而汽车的动力之一石油也成为各国都在竞相争夺的重要战略物资。伊拉克之战，海湾战争，战争的焦点是石油。而在征战的同时，石油也污染着人类的家园，威胁着人类的生存。

石油又称原油，是从地下深处开采的棕黑色可燃黏稠液体，主要是各种烷烃、环烷烃、芳香烃的混合物。是古代海洋或湖泊中的生物经过漫长的演化形成的混合物，与煤一样属于化石燃料，主要被用来作为燃油和汽油。

◆黄河干流石油污染严重

灭顶之灾——石油污染

石油污染海洋，会给被污染区域的生物带来灭顶之灾。

油污染能直接导致海鸟与海兽的毛、皮丧失防水和保温性能，或因堵塞呼吸和感觉器官而大量死亡。油膜和油块能粘住鱼卵和幼鱼，并阻碍海藻的光合作用，底栖动物还要受沉降到海底的石油的影响。

海洋石油污染越来越严重，不仅影响海气系统的物质和能量的传递，而且破坏海洋生物的多样性，制约人类社会和环境的可持续发展。

防治石油污染

海洋石油污染绝大部分来自人类活动，其中以船舶运输、海上油气开采，以及沿岸工业排污为主。由于石油产地与消费地分布不均，世界年产石油的一半以上是通过油船在海上运输的，这就给占地球表面70%的海洋带来了油污染的威胁，特别是油轮相撞、海洋油田泄漏等突发性石油污染，更是给人类造成了难以估量的损失。

◆“埃里卡”号沉没事件是法国遭遇的最严重泄漏石油污染海域事件

海上溢油不仅破坏海洋环境，而且还存在发生火灾的危险，因此，一旦出现溢油事故，一方面要尽可能缩小污染区域，另一方面要迅速消除和回收海面上的浮油。处理溢油的一般方法，是用围油栅将浮油围住后，一边用浮油回收器进行回收，一边喷洒消油剂，使浮油尽快形成能消散于水中的小油粒。

◆海南首次举行海上溢油应急综合演习

中国第一个固定式海上采油平台——渤海城北油田

渤海城北油田是我国建造的第一个固定式海上采油平台，对含油污水的处理

◆探明储量超亿吨的渤海油田曹妃甸油田正式投产

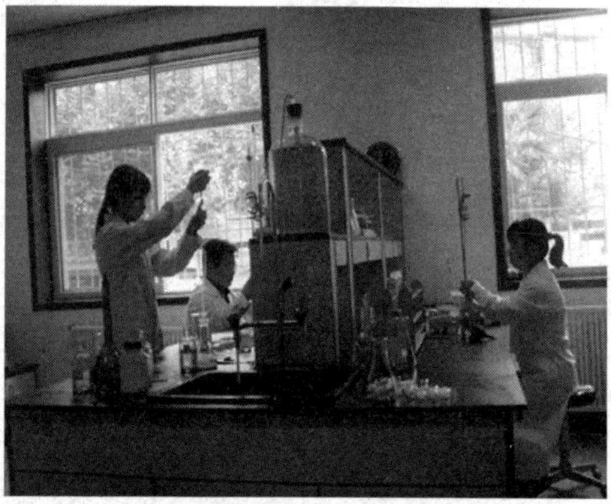

◆石油污染分析

是通过隔油、浮选和过滤三个过程完成的，污水在通过斜板隔油器后，大部分原油被分离出来；然后经过浮选器，使小油珠变成大油珠，被收油器收走；最后再经过过滤，使污水中的含油量低于每升30毫克，达到国家排放标准后再排到大海中。

为防止溢油污染海洋，我国已建立了自己的监测体系，开发配备了相应的围油栅、撇油器、收油袋等防污染的设备，科研人员还绘制了海洋环境石油敏感图，并建立了溢油漂移数值模型、数据库和溢油漂移软件，一旦发生溢油事件，有关人员在很短的时间内，就会了解溢油海域的污染情况，以及溢油的运行轨迹。

清除海洋石油污染任重而道远，只有世界各国齐心协力，共同努力，提高全社会的环保意识，才能真正还大海于蔚蓝。

拓展思考

1. 石油污染对水体造成了哪些危害？
2. 我们该如何防治石油污染？
3. 上网查看石油污染的例子所造成的危害，以及补救措施。

未来的呼唤

——海洋科技

从远古时代人类用四肢行走进化到直立行走，从石器时代进化到四大发明，从第一次工业革命进化到现代科技的高速发展，人类在不断地探索着未知的领域，改变着我们的生活环境和水平，还对未知领域期于更多、更高的期盼……

我们不再满足陆地所给予我们的物质，而把目光投向了太空和海洋，我们在呼唤新的科技，期望通过我们的智慧，来获取更多的生产和生活物资。

◆美国“尼米兹”核动力航母

我的未来不是梦
——海洋生态在仿生学上的应用

无数的海洋生物，经过海洋亿万年的精雕细琢，锤炼出了适应海洋生活的奇妙无比的技能，它们是人类的良师益友，极大地启示着人们深入探索它们的奥秘，为发展更加先进的技术提供不尽的源泉。

◆美国“小鹰”号航空母舰

充分利用海洋仿生学的研究成果，将大大加快人类科技产业的进步和社会发展的历史进程。

海洋仿生学

◆第一个安装仿生肢体的海洋生物

海洋仿生学是海洋生物学与技术工程科学间的边缘学科，是20世纪60年代才兴起的一门极其重要的学科。它通过研究某些生物的构造原理和机能，并在工程技术上加以模仿后得到应用，是海洋仿生学研究的基本课题和主要目的。

有许多鱼类、海龟和海洋哺乳动物，能在一定的季节循一定的路线作长距离的洄游并能找到原出生地点进行繁殖，海豚在寻找食物时能利用复

◆中国女子游泳运动员齐晖

杂的声纳系统寻找和辨认食物并能把食物同其他物体区分开来等，这些特殊的机能和结构系统是否可以使人类得到启发，以便应用于创造和改进人类的工程技术，这是海洋仿生学所要解决的问题。虽然仿生学形成一门独立的学科仅有30多年的历史，但目前已取得较多成就，并且有广阔的发展前景。

实际上，早在远古时代，人们就已懂得模仿生物了。舟船、舵和桨，就是古人依照鱼的形状以及鱼尾和鱼鳍发明出来的；就连人们的游泳术也是向海洋生物学来的，至今人们不是还使用“蛙泳”、“豚泳”吗？当然这还只是简单的模仿学，算不上是仿生学的研究。只有今天，在科学技术高度发展的时代，我们才有可能真正掌握生物的“秘方”，进而变为发展新科技的“良策”。

海洋仿生学的应用

海洋生物对长期生活的海洋的适应能力，往往已达到了最为经济有效而又可靠的水平，因此对改造人类工程技术有极大的吸引力。如海洋动物

◆日本海上自卫队的常规潜艇

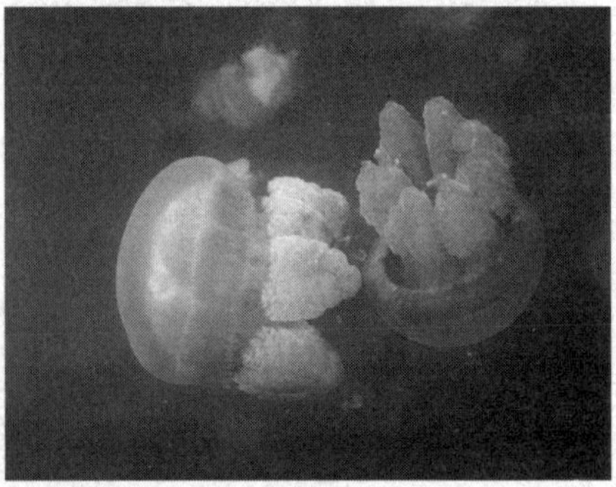

◆水母

对海水的淡化能力，生物光、生物富集的能力，潜水、通信、定位和导航的能力都已成为人类的仿生研究和开发的重要课题。

大部分水母都具备一套预测风暴的本领。因为在狂风怒吼、海浪咆哮之前，大海中会产生一种次声波，传播速度比风浪快。人的耳朵是听不见次声波的，但是水母体内的特殊感受器却能感受得到，这时，水母便会迅速远离海岸，以免被风浪卷到岸上。根据水母接收低声波的机制，人们创造出了一种风暴警报仪，能提前 15 个小时预测出来自某一方向的风暴。

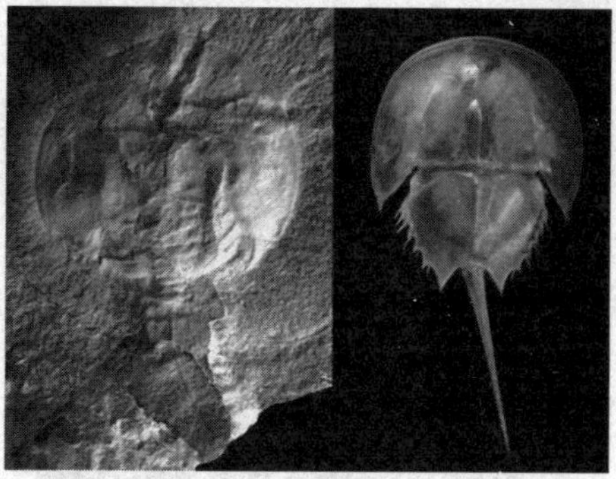

◆鲎化石与鲎的对比图

鲎的头胸甲两侧有一对大复眼，每只眼睛是由若干只小眼睛组成。人们发现鲎的复眼有一种侧抑制现象，也就是能使物体的图像更加清晰，这一原理被应用于电视和雷达系统中，提高了电视图像的清晰度和雷达的显示灵敏度。为此，这种亿万年默默无闻的古老动物一跃而成为近代仿生学中一颗引人瞩目的“明星”。

◆深海探索机器人

鱼为什么能在伸手不见五指的海里与海流搏斗，并能准确地发现障碍物，确定正确的方向？因为鱼类身体上的侧线是它的“第六感”系统，由数千个延伸整个身体的细小毛发细胞组成，即使是在完全黑暗的海水中，

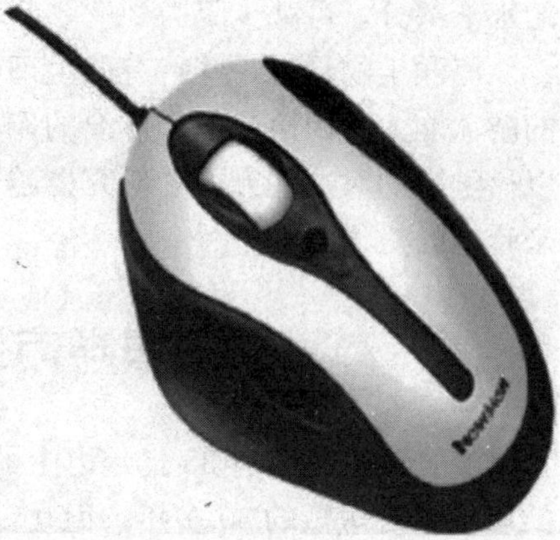

◆新贵“猎鲨豹”MS—0300 五键光学鼠标

◆中国海军潜艇吊装鱼—6 鱼雷

侧线也会对鱼类身体周围的水流作出反应，从而正确地侦测到障碍物和水流中的动物。

上页图 2 所示为一款专为深海探索而设计的深海探测机器人，它被称之为深海探索者“Fluck”，能收集到有助于加深我们对海洋生态系统了解的数据。“Fluck”配备有高耐压的水底摄像机和多种探测设备，它的驱动系统采用仿生学原理能够像鱼一样高效节能地在深海中运行。

上页图 3 所示为在 2004 年上市的一款名为“猎鲨豹”的五键光学鼠标，是根据仿生学和现代工业工程美学理论而设计的，外形酷似浓缩的大鲨鱼，线条流畅，动感而逼真；宽厚的滚轮恰似战车的履带，且发出冷艳的蓝光，滚动时指间似有千军万马，激情而豪壮，舒畅而神怡；而黑色皮革漆工艺，使其更添“猎士”风格。

蛤壳使人得到建筑巨大薄壳房顶的启示，乌贼启发了喷水拖船的制造；依据海豚的体形、皮肤结构等特点，设计出的潜艇、鱼雷和小型船只的水下部分，可减少阻力 20%～50%。

海洋生物具有一些特有的生理机能和生化特点，如海洋鱼类和哺乳类的游泳能力、回声定位和体温的调节，已成为仿生学的重要研究内容，所以科学家们对这些方面的研究也越来越多，力争为人类未来的生活创造越来越多的机遇。

海洋仿生学的应用

生物的进化已有 35 亿年以上的历史，而仿生学是一门年轻的科学，它的历史只有短短的 30 多年，但是，它已展示出了强大的生命力，作出了许多很有价值的贡献。向海洋进军是我们今天十分迫切的任务，海洋仿生学的研究，将为人类向海洋进军提供新的途径，为海洋研究提供新的方法，

为人类开发利用海洋提供新的工具。

目前，仿生学已越来越受到人们的加倍重视。有人预言，21 世纪将是生物科学成果倍出的世纪，将是生物科学与其他科学技术密切融合、相互渗透和促进的时代。现在，物理学已深入到物质的原子核和基本粒子中去了，并且还在进一步深入。在生物科学方面，还远远没有深入到它的本质中去，还有大量的谜底等待着人类去揭示。

◆092 战略核潜艇导弹舱盖图

◆日本发明新式声纳鱼雷

不论是从人类已有的自然科学历史及其已有的成果来看，还是从自然科学发展应用趋势上来看，生物科学与技术科学的结合是不可避免的。它不仅能促进生命科学的发展，而且还给科学技术的发展提供一把万能的钥匙，使生物的种种奥妙、无穷的机能成为人类科学科技的宝库。

我们相信，在不久的将来，海洋仿生学一定会开出更加令人欣喜、更加令人向往的奇葩，放射出更加绚烂夺目的光彩。

拓展思考

1. 你还知道哪些仿生学的例子？
2. 说说你对海洋仿生学的认识。
3. 海洋仿生学具有什么重要意义？

用手指感觉海洋的脉搏
——海洋遥感技术

“遥感”这个词，让我们兴奋，让我们激动，似乎通过我们的手指，轻轻一挥就可以控制海洋，其实并不完全是这样的。

海洋遥感技术为海洋渔业学科的发展带来了新的前景，人们可在短时间内观测整个洋区和海区，及时掌握海洋环境的特征参数，并应用于渔业资源的调查和渔场分析预报。

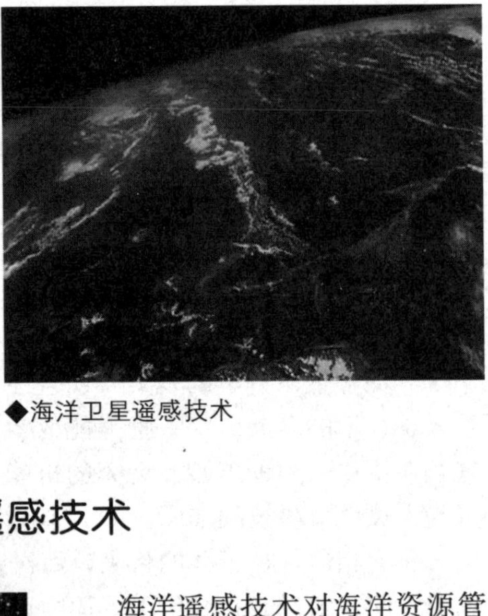

◆海洋卫星遥感技术

海洋遥感技术

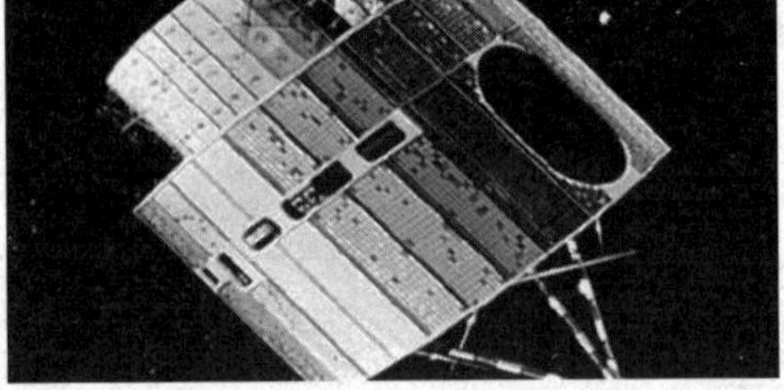

◆海洋卫星

海洋遥感技术对海洋资源管理和环境监测领域的影响日益增强，特别是在实施大范围海面瞬间信息监测、数年长序列全球海洋数据采集和海面粗糙度的调查等，发挥了不能替代的优势，为研究、开发、利用和保护海洋提供了丰富的资料。

应用空间遥感技术观测和研究海洋，已形成一门新的海洋学科分支——卫星海洋学。世界上主要使用和研制的海洋遥感卫星有：海洋水色遥感卫星、海洋微波遥感卫星以及使

◆气象卫星

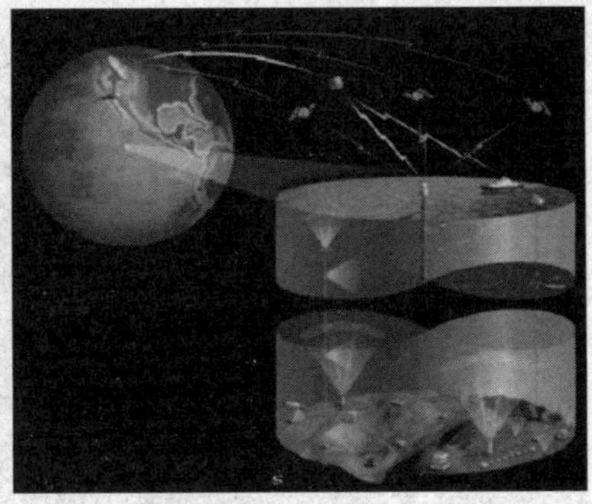

◆深海观测系统

用波段从可见光、红外到微波的序列化海洋卫星，以满足各类研究、观测的需要。

根据海洋遥感技术的现状和今后10年海洋卫星遥感计划，世界海洋遥感技术将具有以下的发展趋势：

1. 环境监测和应用导向；

2. 工业界参与和商业化趋向；

3. 高精度分析和定量化趋向；

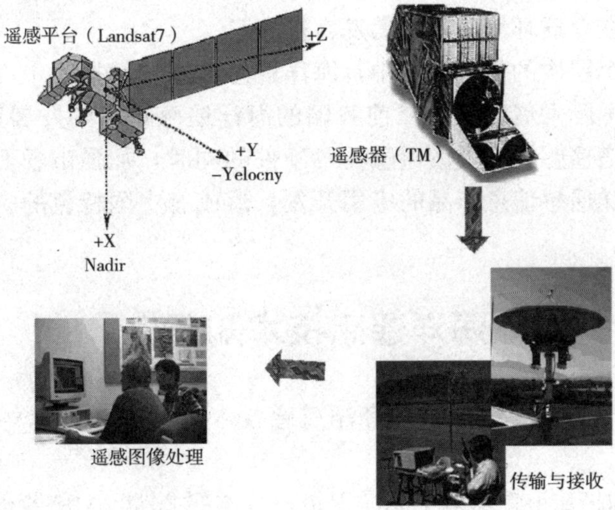

◆遥感技术流程

◆海洋资源的开发

4. 高频率长序列监测和业务化趋向；

5. 多平台监测数据同化和核心技术合成趋向。

我国对海洋信息的需求分为四个层次：

第一层次为将我国面积约 37 万平方千米的海岸（包括大陆领海和岛屿领海）的海洋信息，用于满足改善当地人类生存环境和经济开发的信息需求。

第二层次为将我国面积约 300 万平方千米近海（包括大陆架和专属经济区）的海洋信息，用于满足近海资源开发和减防海洋灾害的有关信息需求。

第三层次是对周边海域（主要包括西太平洋）的海洋信息需求。主要关注周边海域海洋动力和海洋气象条件及其对近海动力、气象和生态系统的影响。

第四层次是对全球尺度海洋信息的需求。主要关注大尺度海洋现象，并支持我国在全球环境问题上的发言权。

在这四个层次的信息需求中，海洋遥感数据在数据源中占相对重要的地位。结合国际发展趋势，目前我国的海洋遥感技术的发展策略主要为：在发展高光谱遥感器和微波遥感器等硬件的同时，加强市场上需求的各种高质量的海洋遥感信息产品的应用开发，形成有中国特色的应用软件和应用技术队伍。

海洋遥感技术知多少

在科技飞速发展的今天，海洋遥感技术日益成为国际科技界关注的热点。

美国于 1978 年就发射了海洋卫星；日本在 20 世纪 90 年代初期也已发射了海洋卫星；俄罗斯有一系列卫星，其中“宇宙”系列卫星就包含了海

洋遥感观测技术；欧洲资源卫星主要以海洋为目标，以法国为代表；北欧海洋遥感与观测技术的代表则首推挪威和瑞典。在 1990～1992 年期间，国际上发射了多颗极轨气象卫星，包括美国的 NOAA 系列后继卫星、欧洲航天局 MOP 系列后继卫星和海洋卫星等，如欧洲航天局欧洲遥感卫星 ERS－1、美法合作的海洋地形试验卫星 TOPEX/POSEIDON 等。

◆海洋遥感技术

在此期间，中国也发射了极轨气象卫星 FY－1（A－B）。由于中国气象卫星——风云系列卫星上有 2～4 个海洋通道用于观测海洋水色等要素，因此，国家海洋局在北京、杭州、天津等城市建立了气象卫星地面接收应用系统。

目前我们国家海洋遥感技术主要应用在以下几个方面。

1. 遥感技术在海域管理中的应用

◆“风云 2 号”气象卫星

从 20 世纪 80 年代起，随着我国海洋经济的快速发展，海洋开发利用方式逐渐增多，海域作为海洋开发利用活动的载体，稀缺程度不断提高。但由于长期以来多头管理、家底不清、权属不明、缺少规划，行业用海矛盾和纠纷日益加剧，乱占海域、争抢资源的现象时有发生，严重影响了海域资源的合理开发和可持续利用，仅 2004 年新增确权海域面积就超过 20 万公顷，对国家和地方海域管理提出了更高的要求。国家海洋局启动的海域监视监测系统有一个方面就是针对海域管理的。

遥感动态监测的三个层次

第一层次是对全海域范围进行宏观低精度的卫星遥感监测，每年覆盖监测两次，监测面积约为300万平方千米；第二层次是对内水及领海海域进行中高精度的卫星遥感监测，每三年覆盖监测一次，监测面积约为50万平方千米；第三层次是对近岸重点海域进行高精度的航空遥感动态监视监测，每年覆盖监测一次，监测面积约为6万平方千米。

通过卫星在遥远的轨道上拍摄的遥感图像是1∶25万低精度和1∶5万高精度的遥感图片。通过遥感影像可以“提取”出大量有用的信息，再合并近海测绘数据进行地理坐标的计算机处理形成空间数据库，得到海域使用现状数据与海洋功能区划数据的基础地理数据库，从而在计算机上构建

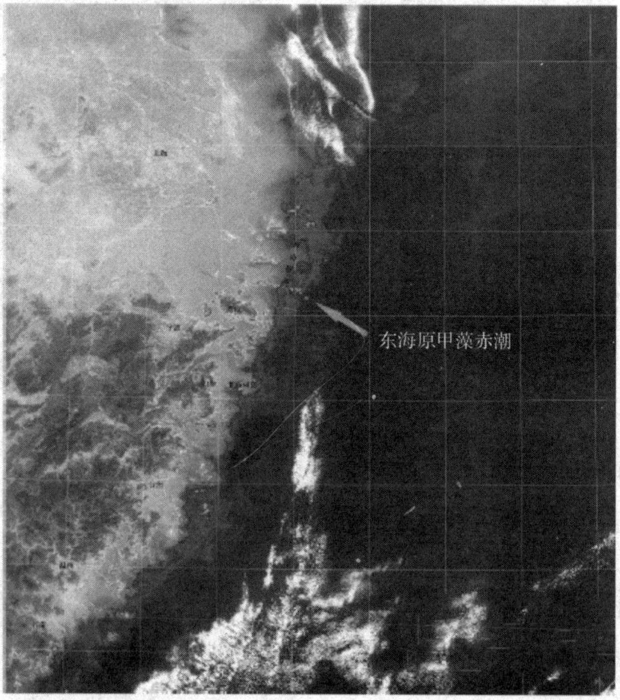

◆海洋遥感监测赤潮

"数字海洋"的信息基础，对海域进行数字化管理。

◆金枪鱼

2. 遥感技术在海洋生物开发及渔业生产中的应用

通过装载在卫星上的探测传感器对海洋进行探测，可以获取海洋鱼类的生长发育、分布及迁移与其生活的海洋环境密切相关的信息数据，同时获取海水温度、盐度等渔场环境相关信息，分析海洋环境及其变化情况并结合渔业捕捞数据，分析、判断、速报渔场位置，为渔业生产提供服务。

目前美国和日本等国家已将卫星遥感技术作为渔场渔情的主要预报手段，指导金枪鱼捕捞船队工作；而我国的金枪鱼捕捞船队还在茫茫大海中凭经验和感觉寻找金枪鱼渔场和鱼群。"863 计划"立项资助了"大洋金枪鱼渔场渔情速预报技术"，农业部渔业司也采取了一系列措施促进金枪鱼渔业的发展。科研人员运用卫星遥感技术，根据金枪鱼的生存环境特点，开发出智能且实用的金枪鱼渔情预报系统，藉此指导金枪鱼捕捞船队快速、高效地发现金枪鱼鱼群并实施捕捞。当然遥感技术也不只针对金枪鱼，还可以对很多种海洋生物进行分析和监控。

3. 遥感技术在海洋环境保护、海洋灾害预警中的应用

随着海洋开发深度、广度的不断拓展，全球的海洋环境质量每况愈

◆大鹏湾海域多纹膝沟藻赤潮

◆2001 年巴拿马籍"CITRON GOLD"轮燃料油泄漏流入广州海域

下，海洋环境监测与保护问题日益成为国际社会普遍关注的热点。利用海洋遥感卫星，能够实现对全球海洋环境的同步观测，对我国近海海域水色信息进行大尺度、定量化提取，为海洋环境保护提供必要依据。

长期以来，海洋灾害对于包括中国在内的沿海国家构成严重威胁。在各类自然灾害的总经济损失中，海洋灾害约占10%。我国是世界上为数不多的受多种海洋灾害侵袭的国家之一，风暴潮、巨浪、海冰、海雾、赤潮等自然灾害，溢油、海洋污染等人为造成的突发性海洋灾害事件，都是影响我国海洋经济发展、威胁沿海人民生命财产安全的主要海洋灾害。

水色遥感图像提供的信息

通过水色遥感卫星我们可以得到大量水色遥感图像，再对水色遥感图像进行分析就得到许多重要信息，包括：一是海洋环境数值预报，如海温、海浪、潮汐、海面风场、海流等；二是海岸带灾害数值预报，如风暴潮、海啸、台风、巨浪、海冰、海雾、赤潮、溢油及其他污染等；三是海气相互作用过程预测，如厄尔尼诺和拉尼娜事件的中长期预测，海平面上升的中长期预测等；四是海陆相互作用过程预测，如海岸带侵蚀、河流冲击与河口改道、围海造田与环境效应等。

◆海啸近景

利用海洋遥感卫星数据结合相关资料，海洋管理就得到了可靠的依据，能够制作成各种产品，建立由近海到远海、多部门合作的海洋环境与灾害观测网络和数值预报、预警系统，开展主要海洋灾害的分析和评估业务，建立海上搜救中心和沿岸防灾准备应急系统，构建海洋减灾体系。对风暴潮、海水等自然灾害进行预报预警，对赤潮、溢油、河口排污等海洋污染进行业务化监测，

以减少海洋灾害的损失。

海洋遥感技术在海洋地质资源勘测和海洋能源的开发技术中也有着广泛的应用，对海洋资源管理和环境监测领域的影响日益增强，为研究、开发、利用和保护海洋提供了丰富的资料，成为人类认识海洋的关键技术。

拓展思考

1. 世界海洋遥感技术今后的发展趋势是什么？
2. 我国对海洋信息的需求分为四个层次，分别是什么？
3. 我们国家海洋遥感技术主要应用在哪几个方面？

征服海洋的利剑
——航空母舰

航空母舰是一种以舰载机为主要作战武器的大型水面舰艇。依靠航空母舰，一个国家可以在远离其国土的地方、不依靠当地的机场情况施加军事压力和进行作战。

◆美国“里根号”航母

航空母舰的主要任务是以其舰载机编队，夺取海战区的制空权和制海权。现代航空母舰及舰载机已成为高技术密集的军事系统工程。航空母舰一般总是一支航空母舰舰队中的核心舰船，有时还作为航母舰队的旗舰。

航母的武器装备

◆“企业”号作为世界上首艘核动力航母将成为第一艘退役的核动力航母

航空母舰的主要武器装备是它装载的各种舰载机，有战斗机、轰炸机、攻击机、侦察机、预警机、反潜机、电子战机。

航空母舰是用舰载机进行战斗，直接把敌人消灭在距离航母数百千米之外的领域。舰载机是航空母舰最好的进攻和防御武器。从理论上说，没有

一种舰载雷达的扫描范围能超过预警机，没有一种舰载反舰导弹的射程能超过飞机的航程，没有任何一种舰载反潜设备的反潜能力能超过反潜机或反潜直升机。

航空母舰上也装备自卫武器，有火炮武器、导弹武器。前苏联的航母同时装备有远程舰对舰导弹，从这一点来说前苏联的航母是航母与巡洋舰的混合体。

◆意大利“加里波第”号航母

航空母舰的分类

◆印度“维拉特”号轻型航母

航空母舰种类很多，可分为：

1. 按所担负的任务分，可分为：攻击航空母舰、反潜航空母舰、护航航空母舰和多用途航空母舰。

攻击航空母舰主要载有战斗机和攻击机，反潜航空母舰载有反潜直升机，多用途航空母舰既载有直升机，又载有战斗机和攻击机。

1. 按满载排水量大小可分为：大型航母（排水量 6 万吨级以上），中型航母（排水量 3～6 万吨）和小型航母（排水量 3 万吨以下）。

3. 按舰载机性能分，有固定翼飞机航空母舰和直升机航空母舰，前者可以搭乘和起降包括传统起降方式的固定翼飞机和直升机在内的各种飞机，而后者则只能起降直升机或可以垂直起降的固定翼飞机。

◆美国航母

◆航母发射导弹

4. 按动力装置可分为核动力航空母舰和常规动力航空母舰。核动力航空母舰以核反应堆为动力装置，常规动力航空母舰以柴油燃料为动力装置。

此外，一些国家的海军还有一种外观类似的舰船，称作“两栖攻击舰”，也能搭乘和起降军用直升机或可垂直起降的定翼机。

航空母舰的发展

启蒙年代到第一次世界大战

◆美国海军乔治－华盛顿号航母

第一个从一条停泊的船只上起飞的飞行员是美国人尤金·伊利(Eugene Ely)，他于1910年11月14日驾驶一驾“柯蒂斯”双翼机从美国海军“伯明翰”号轻巡洋舰（USS Birmingham CS－2）上起飞。1911年1月18日，他成功地降落在“宾夕法尼亚”号装甲巡洋舰（USS Pennsylvania ACR－4）上长31米、宽10米的木制改装滑行台上，成为第一个在一艘停泊的船只“宾夕法尼亚”号巡洋舰上降落的飞行员。

名人介绍

查尔斯·萨姆森

英国人查尔斯·萨姆森是第一个从一艘航行的船只上起飞的飞行员。1912年5月2日他从一艘行驶的战舰上起飞。

◆航母

第一艘为飞机同时进行起降作业提供跑道的船只是英国“暴怒”号巡洋舰，它的改造1918年4月完成。在舰体中部上层建筑前半部铺设70米长的飞行甲板用于飞机起飞，后半部加装了87米长的飞行甲板，安装简单的降落拦阻装置用于飞机降落。1918年7月19日七架飞机从“暴怒”号航空母舰上起飞，攻击德国停泊在同德恩的飞艇基地，这是第一次从母舰上起飞进行的攻击。

第一艘安装全通飞行甲板的航空母舰是由一艘客轮改建的英国的“百眼巨人”号航空母舰，它的改造1918年9月完成。飞行甲板长168米，甲板下是机库，有多部升降机可将飞机升至甲板上。

美国第一艘航空母舰是1922年3月22日正式启用的“兰利”号（USS Langley CV—1），并不是一开始就以航空母舰为用途所建造的舰艇，其前身是1913年下水的“木星”号补给舰（USS Jupiter AC—3），美国海军看上它载运煤炭用的腹舱容量充足，因此将其改装为航空母舰。

点　击

日本凤翔号航空母舰

第一艘服役的、从一开始就作为航空母舰设计的船只，是日本的“凤翔”号航空母舰，它1922年12月开始服役。从此，全通式飞行甲板、上层建筑岛式结构的航空母舰，成为各国航空母舰的样板。

第一次到第二次世界大战期间

◆美国“小鹰”号航空母舰

◆美国“小鹰”号航母

第一次世界大战结束后，1922年各海军强国签署的《华盛顿海军条约》严格控制了战列舰建造，但条约准许各缔约国利用部分停建的战舰改建航空母舰，例如：美国列克星敦级航空母舰、日本的“赤城”号航空母舰和“加贺”号航空母舰，在航空母舰上装备重型火炮是这一阶段航空母舰发展的特色。

1936年《华盛顿海军条约》期满失效，海军列强又展开了新一轮军备竞赛。美国的约克城级航空母舰、日本的翔鹤级航空母舰、英国光辉级航空母舰，都是这一时期的杰作。

在第二次世界大战中，航空母舰在太平洋战争战场上起了决定性作用，从日本海军航空母舰编队偷袭珍珠港，到双方舰队自始至终没有见面的珊瑚海海战，再到运用航空母舰编队进行海上决战的中途岛海战，从此航空母舰取代战列舰成为现代远洋舰队的主干。

开心驿站

现代航母的原型

20世纪30年代英国建造的皇家“方舟”号航空母舰采用了全封闭式机库、一体化的岛式上层建筑、强力飞行甲板、液压式弹射器，被誉为“现代航母的原型”。

现代航空母舰

◆美国“企业”号航空母舰

◆俄罗斯“库兹涅佐夫”号航空母舰

第二次世界大战结束后出现的斜角飞行甲板、蒸汽弹射器、助降瞄准镜的设计，提高了舰载重型喷气式飞机的使用效率和安全性。

美国于1961年11月25日建成服役的“企业”号航空母舰（USS Enterprise CVN65）是世界上第一条用核动力推动的航空母舰，即核动力航母。

前苏联采用垂直起降飞机的基辅级航空母舰（前苏联海军称为“大型反潜巡洋舰”）则装有重型武器。前苏联/俄罗斯最终建成的“库兹涅佐夫”号航空母舰采用滑跳甲板，从而避免了安装复杂的弹射装置。

21世纪初，世界上共有11个国家拥有航空母舰：阿根廷、法国、意大利、俄罗斯、西班牙、巴西、印度、泰国、英国、美国以及韩国。

大国航母介绍

美国：拥有“小鹰”级航空母舰（已全部退役）、“尼米兹”级航空母舰和“企业”号航空母舰在内的13艘大型航母（现役11艘，最新的CVN－77“乔治·布什”号还未形成战斗力）。

英国：无敌级航空母舰（亦称“常胜”级）是英国皇家海军也是世界上最先采用滑橇式飞行甲板的轻型航空母舰。

◆美国海军第一艘“小鹰”级航空母舰，是世界上最大的常规动力航母，可载6000名官兵

◆意大利“加里波第”号航空母舰

◆巴西“圣保罗”号航空母舰

法国：“戴高乐”号航空母舰。

俄罗斯：“库兹涅佐夫”号航空母舰。

意大利：“加里波第”号航空母舰，“加富尔伯爵”号航空母舰。

西班牙：”阿斯图里亚斯亲王：号航空母舰。

印度：“维拉特”号航空母舰原为英国皇家海军的“竞技神”号。1986 年 4 月从英国购进此舰。

泰国：“加克里·纳吕贝特”号航空母舰。

巴西：“圣保罗”号航空母舰。

中国在 1984 年购买澳大利亚退役的“墨尔本”号航母，冷战结束后从俄罗斯以及乌克兰购买了“瓦良格”号、“基辅”号、“明斯克”号等航空母舰。“基辅”号、“明斯克”号这两艘退役的航空母舰在接受相应的修缮之后，分别存放在天津和深圳的军事主题公园中，向公众展示。

2006 年 3 月 10 日，中国人民解放军总装备部科技委员会副主任汪致远宣布中国将自行建造中国未来航母，发展航空母舰战斗群。但是，根据 2007 年美国五角大楼发布的《中国军力报告》中称，中国在未来一段时间内仍无可能拥有具有实战能力的尼米兹级的大中型航母。

中国人的航母梦

2009 年 3 月 20 日，中国国务委员兼国防部部长梁光烈会见日本防卫大臣时表示，中国不能永远没有航母。这是我军方高层首次公开正式作出这项表明，大国中没有航母的只有中国，中国不能永远没有航母。中国拥有广阔的海洋领土，守卫责任重大；中国海军实力较弱需要发展，强调了拥有航母的必要性。

◆拖往中国的“墨尔本”号

◆正在码头补给的“墨尔本”号

挖掘——中国航母鲜为人知的故事

◆美国“小鹰”级航空母舰

◆进港的“墨尔本”号

前中央军委副主席刘华清上将在他的回忆录（《刘华清回忆录》，解放军出版社2004年8月版）中详细回忆了中国的航母战略，可以了解一些鲜为人知的细节：

早在1970年，我还在造船工业领导小组办公室工作时，就根据上级指示，组织过航空母舰的专题论证，并上报过工程的方案。后来到总参谋部工作，在1980年5月访问美国时，主人安排我们一行参观了“小鹰”号航空母舰。这是中国人民解放军和科技人员首次踏上航空母舰，上舰后，其规模气势和现代作战能力，给我留下了极深印象。

1984年初，在第一届海军装备技术工作会议上我讲过：海军想造航母也有不短时间了，现在国力不行，看来要等一段时间。两年后，听海军装备技术部领导汇报工作时，我又一次提到：航母总要造的，到2000年航母总要考虑；发展航母，可以先不提上型号，而先搞预研。

1987年3月31日，我向总部机关汇报了关于海军装备规划中的两大问题：一是航母，一是核潜艇。这两个问题涉及到海军核心力量的建设，是关键性问题。这两项装备搞出来，从长远看对国防建设是有利的。这两项装备不仅为了战时，平时也是威慑力量。

那时，我先后批准海军和工业部门的专家，去法国、美国、俄罗斯、乌克兰等国家考察过航空母舰。国防工业部门，也从俄罗斯聘请了航空母舰设计专家来华讲学，还引进了部分设计技术资料；航母上关键配套的预研，有了一定进展。总参谋部和国防科工委，也都反复组织对考察、引进、预研的分析、论证、评估，这些工作，使军内外领导和专家加深了对航空母舰和舰载机大系统工程的认识。

在“2008年各国军工行业年鉴”中，无论大国小国，老牌海军强国还是新兴海洋国家，或多或少都会在航母发展史中记上一笔。

解密——2008年大国航母计划

1. 力推新航母

美国CVN21“未来型航空母舰”是美国继尼米兹级之后打造的新一代航母。它的首舰以美国第38任总统的名字命名为“杰拉尔德·R·福特”号，编号CVN78，预计2012年下水，2015年服役。随后，2号舰计划于2012年开工，2016年下水，2019年服役。该型排水量为10万吨的巨舰，无疑将继续代表世界航母发展的最高水平。

◆美国最新型航母——“福特”号

法国为给现在“形单影只”的“戴高乐”号航母配一个搭档，确保在“戴高乐”号检修或修整时法国海军仍有航母可用，计划建造一艘新一代航母，被称为PA2（“戴高乐”级第二艘）。

英国为了避免海军的实力衰退过快，以新一代航母替代现有的3艘无敌级轻型航母。未来航母被命名为“伊丽莎白女王”级，计划建造两艘，排水量在6万吨级。

除了老牌海军强国，2008年，还有一些国家也在推进他们的航母事业。

比如在日本，直升机航母16DDH的2号舰，18000吨的满载排水量、直通甲板的外形、同时搭载和起降多架直升机的航空支援能力，都无法掩盖其直升机

◆法国“戴高乐”号航母

◆横滨市石川岛播磨重工业公司船舶工厂编号为16DDH的大型驱逐舰“日向”号下水

航母的定位。

西班牙，“胡安·卡洛斯一世”号战略投送舰，不仅是一艘航母，也是一艘两栖攻击舰，能够携带6架固定翼战斗机，并能同时装载大量人员、装备和物资，将成为西班牙海军有史以来吨位最大的船只。

2. “节俭计划”

一个国家造什么样的航母，如何建，在很大程度上取决于国家需求与实力。不管是大国还是中等国家，出于不同的需求，基于不同的实力，会选择不同的航母发展道路。

◆西班牙“胡安·卡洛斯一世”号战略投送舰

◆美国CVN21未来航母构想图

美国CVN21设计理念中最重要的一点就是降低全寿命费用，这首先要减少舰上人员。相对于尼米兹级3200人的舰员数量，CVN21的舰员在2300～2700人之间，这可以节省一大笔开支。

◆美国“小鹰”级航空母舰

英国和法国双方在合作研制装备方面曾有过教训——起初合作时都是真心实意，但研发建造过程耗时耗资巨大，彼此又有不同的作战需要，所以最终导致双方在一些项目上“分道扬镳”。

◆中国正在改造的“瓦良格”号航母

如今财大气粗的美国尚且如此，英国与法国更要精打细算，有了再次相互合作的需求，不仅能分担研制费用降低各自的建造成本，还能扩大同一型航母的建造数量。

3. 考验大国意志

航母一直是很多濒海国家追求的目标，当一个国家的国家实力与国家意志达到一定程度，而这个国家又需要海洋时，航母自然会成为一种必然选择。但因为种种原因，各国的航母计划或多或少都面临着不同程度的困难，俄罗斯也许是其中的一个典型案例，虽然有一定的经济基础，但不再拥有完整的航母生产线。

拓展思考

1. 航空母舰有很多种，你知道该如何划分吗？
2. 把你知道的那些航空母舰给你的朋友介绍一下吧。
3. 为什么我们中国必须要有航空母舰呢？

海市蜃楼
——人类未来的住所

◆海市蜃楼

海市蜃楼，我国山东蓬莱海面上常出现这种幻景，古人归因于蛟龙之属的蜃，吐气而成楼台城廓，因而得名。现多用来比喻虚无缥缈而不实际存在的事物。

随着科技的发展，生存环境的恶化，人类正在把海市蜃楼变为现实，让我们来了解一下目前的海上城市吧。

虚无缥缈的现象

平静的海面、大江江面、湖面、雪原、沙漠或戈壁等地方，偶尔会在

◆山东蓬莱海市蜃楼近景：两楼合二为一

空中或“地下”出现高大楼台、城廓、树木等幻景，称海市蜃楼。

◆海市蜃楼

海市蜃楼是一种光学幻景，是地球上物体反射的光经大气折射而形成的虚像。由于不同空气层有不同的密度，而光在不同的密度的空气中又有着不同的折射率，也就是因为海面上暖空气与高空中冷空气之间的密度不同，对光线折射率不同而产生的。蜃景与地理位置、地球物理条件以及这些地方在特定时间的气象特点有密切联系。

蜃景有两个特点：一是在同一地点重复出现，比如美国的阿拉斯加上空经常会出现蜃景；二是出现的时间一致，比如我国蓬莱的蜃景大多出现在每年的5、6月份，俄罗斯齐姆连斯克附近的蜃景往往是在春天出现，而美国阿拉斯加的蜃景一般是在每年6月20日以后的20天内出现。

纷纷问世的海底居住室

◆海底实验室

世界第一座水下居住室是法国制造的“海中人”号，1962年9月6日在法国的里维埃拉附近海域60米深处试验成功，一名潜水员在“海中人”号居住室里生活了26个小时。

值得称道的是法国制造的“大陆架”Ⅰ号居住室，1962年9月14日被沉放在马赛港附近10米深的海底，像个横放的大木桶，下面挂着几根沉重铁链把它固定在海底，里面的空气由岛上的压缩机通过水面供气管提供，居住室里有淋浴室，潜水员工作之余可以洗个热水澡，茶余饭后可以看看电视、听听音乐，就如同生活在家里一样。

以后，法国又研制了“大陆架”Ⅱ号、Ⅲ号，“海中人”Ⅱ号和“海底实验室”Ⅰ号、Ⅱ号；德国研制了“赤尔果兰特”号等海底实验室。

◆海底酒店

目前，已有上百个海底居住室问世，其中美国的“海洋实验室”号是其中的佼佼者，其最大工作深度为305米，可连续置于海底达7个月之久。海底居住室的研制成功和纷纷问世，为人类开拓了另一个生存空间——海底空间。

海上城市的先驱

◆日本神户人工岛

20多年前，日本就在神户沿海建成一座迄今世界上最大的海上城市，可供2万多人居住，为21世纪海上城市的开发展示了广阔美好的前景。如今，日本的海洋开拓者更加雄心勃勃，提出21世纪内要在日本近海建造2.5万个海上城市。为落实和加速上述规划的实施，日本政府决定在离东京市区约120千米的海面上，建造一座巨大的叫作“海洋通信城市”的海上城市的“首都”。这座规划规模宏大的“海洋通信城市”可容纳100万常住人口，能接待50万名外来的旅游者，预计2010年建成。

未来的海上城市将是高度发达、高度工业化的新型人类活动社区，海上城市周围将是大片的海底农场和海底油田。海底农场和海底油田将为海上城市提供粮食、农副产品，为海上城市中的工厂提供原材料，给整座城市提供能源。海上城市应建立在离大都市不太远，但又保持较方便的交通联系，且不发生互相作用的空气污染和水质污染。

豪华的海底酒店

1993年美国出现了第一家海底酒店，专供对大海有特殊兴趣的人们去度假、旅游。这家海底酒店，建在佛罗里达州基拉戈市的浅海底，离迈阿密约1小时航程。

◆海底五星级宾馆效果图

自开业以来，海底酒店生意一直很兴隆，吸引着大量游客。酒店客房约15米长、6米宽，包括客厅、卧室、厨房和浴室，能容纳6名住客，每人每天收费250美元，但规定住宿者必须是合格的潜水员。房间里安装了录像、彩电、音响、电脑、电话和微波炉等现代化的家用电器设备。最吸引人的是每个房间的窗口可以看到海里的鱼类和贝类，让人感到如身临水晶宫一般。

中国人的梦幻之城

蔚蓝的海面上，漂浮着3个彼此相接的圆形大楼，连成一个巨大的豪华酒店“梦幻之城”，在酒店里用餐，窗外还能看见一群群鱼儿游过。

这就是中国的“梦幻之城”，将在厦门东海域鳄鱼岛附近开建，到2012年国庆节，大家就能享受到酒店的服务了。

◆厦门海面将出现七星级酒店

浮动岛酒店将按七星级标准建造，总面积为10万多平方米，在主甲板内设有不同风格的水晶客房800多间，可容纳千人的大型宴会厅、国际会议厅、新闻发布中心和各种娱乐、大型露天游泳池、网球场等，集休闲度假、旅游观光、商务贸易、健身、购物于一体。

拓展思考

1. 你知道什么是海市蜃楼吗？你见过这种奇妙的场景吗？
2. 你生活的城市环境优美吗？你觉得有哪些不尽人意的地方呢？
3. 你向往什么样的居住空间呢？